KB023803

명화로
읽는
과학의 탄생

명화로
읽는
과학의 탄생

'일곱 빛깔' 뉴턴에서 인간 해부 이벤트까지,
무모하고 엉뚱한 과학자들의 피와 땀의 순간들

윤금현 지음

피피에

과학의 위대한 순간들,
명화가 간직하다

300여 년 전인 17세기 네덜란드의 한 도시에서는 1년에 딱 한 번, 시신을 해부하는 것이 허용되었습니다. 대상은 반드시 사형수여야 했지요. 해부는 심지어 입장료를 내고 '구경' 한번 하겠다며 사람들이 우르르 몰려드는 흥미진진한 '공개 이벤트'였습니다. 그리고 26살의 청년 화가는 그날의 요란한 해부 이벤트 풍경을 그려달라는 주문을 받지요. 화가의 이름은 렘브란트 반 레인. 훗날 '빛의 화가'로 불리게 되는 대가 렘브란트의 초기 걸작으로 미술사에 남은 「니콜라스 튈프 박사의 해부학 수업」은 이렇게 탄생했습니다.

이 책은 렘브란트, 페르메이르, 다비드 등 한 시대를 풍미한 유명 화가들의 그림에서 빈티지한 느낌이 물씬 풍기는 100여 년 전의 일러스트까지, 수많은 화가들이 그려낸 과학사의 눈부신 성취의 순간들을 통해 과학의 역사를 가볍게 둘러보는 책입니다. 이 책에서는 특히, 과학자나 의학자, 기술자들의 드라마틱한 한 장면을 묘사한 그림들을 주로 골랐습니다. 정면을 응시하고 있는 밋밋한 초상화 대신에 그들이 생생하게 움직이고 있는 모습을 제시함으로써 과학자들도 뜨거운 피와 부드러운 살을 가진 사람이고 실험과 추론, 과학이라는 무기를 들고 당시를 지배하던 뿌리 깊은 선입견과 치열하게 싸운 '선구자'들이었다는 것을 이야기하고 싶었습니다.

화가들은 날카로운 눈썰미에 놀라운 상상력을 보태어 과학의 순간들을 꼼꼼하게 묘사했고, 덕분에 우리는 과학사의 명장면을 생생하고 손에 잡힐 듯한 이미지로 접할 수 있게 되었습니다. 물론 한계도 있습니다. 당대에 그려진 그림이 아닌, 몇 백 년 또는 1천 년 이상의 시간차가 나는 그림도 많습니다. 사건과 비슷한 시기에 그려진 그림조차도 현장을 사진처럼 정확하게 포착하거나 똑같이 묘사하지는 못했을 것입니다. 그림으로 어떤 기록을 남기려면 몇 달에서 몇 년이라는 엄청난 시간과 노력이 필요했을 테니까요. 그리고 그 과정에서 어쩔 수 없이 화가가 상상력을 보태서 표현함으로써 결과적으로 과학적인 관점에서 보면 '오류'로 남은 부분도 있을 것입니다. 그럼에도 불구하고 그 그림들이 과학사의 드라마틱한 순간을 우리 눈앞에 생생하게 펼쳐 보이는 데 큰 도움을 주는 귀중한 자산임은 틀림없습니다.

세상은 빠르게 변하고 있습니다. 본격적으로 개인이 컴퓨터를 사용하기 시작한 때가 1980년대이니 불과 40년쯤 전입니다. 이 40년이 흐르는 동안 우리의 삶은 그전의 40년과는 비교도 할 수 없을 정도로 달라졌습니다. 개인이 집에서 사용할 수 있는 컴퓨터에 이어 가지고 다닐 수 있는 노트북이 나오고, 이제는 스마트폰이 생필품이 되었습니다. 머지않아 하늘을 나는 자동차, 인공지능 로봇 도우미, 우주여행 등이 우리의 일상이 될지도 모릅니다. 인간은 오랜 역사 속에서 차곡차곡 쌓아온 지식을 이용하여 놀랍고 새로운 기술을 하루가 다르게 만들어내고 있습니다. 그리고 이 모든 것의 중심에는 과학이 있습니다.

　과학이라는 학문은 한 가지 특별한 점을 가지고 있습니다. 그것은 재현성입니다. 누가 하든지 똑같은 결과가 나와야 합니다. 이 책에 나오는 과학 이야기들은 비록 오래전에 행해졌던 것이지만 지금도 따라하면 그대로 재현됩니다. 그것이 과학입니다. 프리즘으로 햇빛을 나누면 뉴턴이 보았던 무지개를 나도 볼 수 있으며, 망원경으로 목성을 보면 갈릴레이가 찾아냈던 위성 4개를 나도 똑같이 찾아낼 수 있습니다. 번개가 치는 날 연을 날리면 프랭클린이 느꼈던 전기의 짜릿함을 나도 느낄 수 있으며(대단히 위험하므로 하지 않기를 권합니다), 볼타가 만들었던 전지를 지금 내가 똑같이 만들어 전기를 생성할 수도 있습니다. 거인의 어깨에 올라갈 수 있었던 뉴턴은 만유인력의 법칙을 발견했지만, 어깨에 올라갈 수 있는 거인을, 우리는 뉴턴보다 훨씬 더 많이 가지고 있습니다.

　과학은 절대 어려운 것이 아닙니다. 오히려 다른 학문보다 더 쉬울 수도 있습니다. 어째서 그럴까요? 과학은 누구나 이해할 수 있도록 체계적으로 수립된 학문이기 때문입니다. 돌을 하나하나 쌓아서 돌담을 올리듯이, 조그만 블록 하나하나가 모여서 과학이라는 커다란 건물이 되었습니다.

이제 과학의 세계로 시간여행을 떠날 시간이 되었습니다. 즐거운 여행이 되기를!

2022년 7월

윤금현

차례

머리말 · 4

1. 17세기 네덜란드,
1년에 딱 한 번 공개 해부를 하다

– 렘브란트가 그린 「니콜라스 튈프 박사의 해부학 수업」이 포착한 순간

17세기 네덜란드 암스테르담의 외과의사 길드는 1년에 단 한 번의 공개 해부만 허용했고, 시신은 반드시 사형수여야만 했다. 다음 페이지 그림에 나와 있는 시체는 무장 강도 혐의로 교수형을 선고받은 아리스 킨트의 시신이다. 그는 이날 일찍 처형되었다. 그러니까 의학적으로 말하자면 그림의 시체는 아직 따끈따끈한 상태일 수도 있다. 싱싱한 시체라는 표현이 조금 어색하기는 하지만 따끈따끈하지 않았다면 분명 문제가 생겼을 것이다. 동물의 사체를 포함하여 사람의 시체 역시 시간이 지나면 온 세상에 가득 차 있는 미생물들에 의하여 부패되기 시작한다. 그러므로 사형당한 시체를 며칠씩 놔두었다가 이런 공개 행사를 할 수는 없었을 것이다.

「니콜라스 튈프 박사의 해부학 수업」은 니콜라스 튈프 박사(1593-

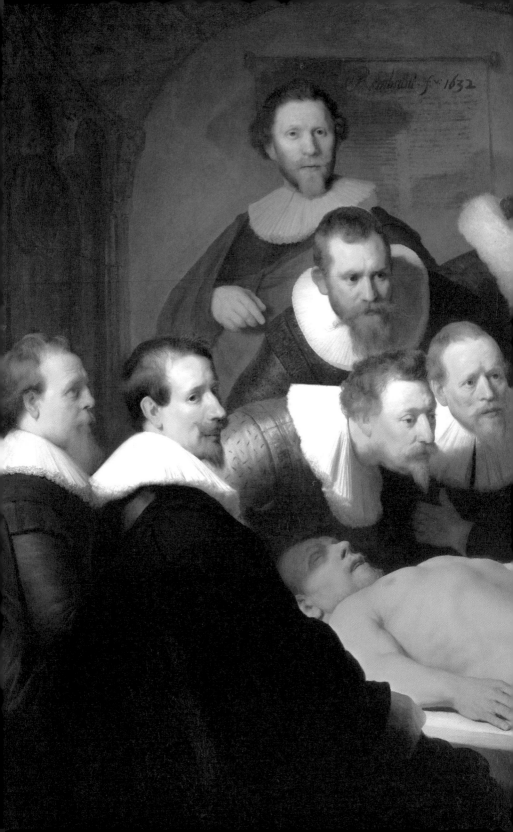

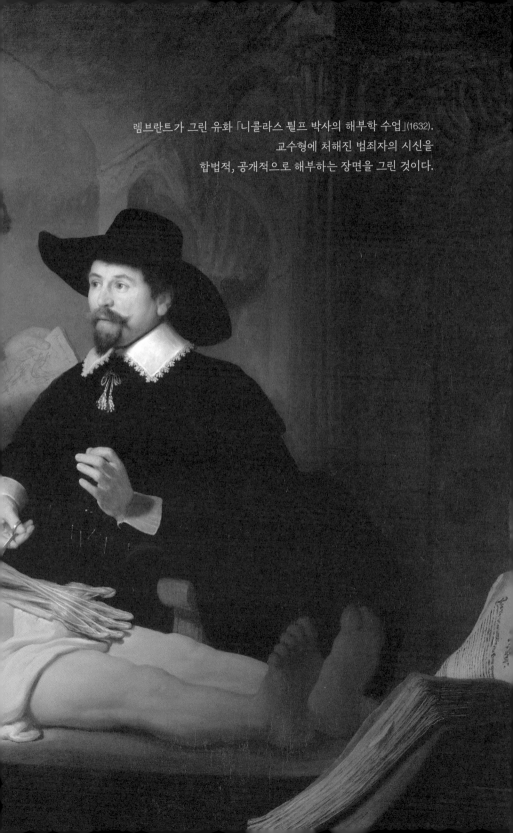

렘브란트가 그린 유화 「니콜라스 튈프 박사의 해부학 수업」(1632).
교수형에 처해진 범죄자의 시신을
합법적, 공개적으로 해부하는 장면을 그린 것이다.

1674)가 팔의 근육 구조를 참관인들에게 설명하는 모습을 그린 렘브란트의 그림이다. 대다수 사람은 튈프 박사의 이름도 들어본 적이 없을 것이다. 물론 렘브란트(1606-1669)를 모르는 사람은 없겠지만.

니콜라스 튈프는 네덜란드의 외과의사 겸 암스테르담의 시장이었다. 그는 이 그림으로 역사에 이름을 남겼다. 완벽한 복장을 갖춘 튈프는 의료용 집게를 가지고 죽은 자의 왼팔 근육을 들어 올리고 있다. 시체 옆의 사람들은 신기한 듯 인체를 바라보고 있지만, 주위 인물들 중 몇몇은 화가를 바라보고 있다. 짐작컨대 해부학보다는 그림에 자신의 모습이 더 잘 나오기를 기대하는 표정이다. 이 그림은 현장에서 실시간으로 그린 그림은 아니다. 렘브란트가 상상으로 그린 것이다. 단, 사람들은 그림에 등장하기 위해 돈을 지불했으므로 사람들 얼굴은 실존 인물들이다.

17세기에 해부학 수업은 사회적 행사로서 실제 극장이었던 강의실에서 이루어졌으며 일반 대중은 입장료를 지불하면 참석이 허용되었다. 렘브란트의 이 그림에 자신의 모습이 나오기 위해 따로 수수료를 지불한 의사들도 있다고 한다. 카메라는 200년도 더 뒤인 1839년에야 세상에 나오므로, 렘브란트 시대에 뭔가 기록을 남기려면 화가를 불러서 정당한 대가를 지불하고 그림을 의뢰해야 했다.

그림의 오른쪽 아래 귀퉁이에 거대한 해부학 교과서가 보이는데, 아마도 베살리우스(1514-1564)의 1543년판 『인체 해부학 대계』인 것 같다. 베살리우스는 그때까지 잘못 알려져 있던 인체의 내부에 대하여, 갈레노스(129-199?)의 잘못된 학설을 반대하고 해부학을 근본부터 바꾼 '근대 해부학의 아버지'다.

고대 이집트 의학서인 『에드윈 스미스 파피루스(Edwin Smith Papyrus)』에는 인체의 혈관들과 장기에 대한 묘사가 있다. 무려 기원전 1600년대이다. 누군지는 모르지만, 누군가 해부를 하였고, 그걸 기록으로 남겼을 것이다. 유명한 그리스 시대의 의사인 히포크라테스(약 기원전 460-기원전 370) 역시 자신의 의학서에 근육과 골격에 대한 해부학을 적어놓았다. 인체 해부 역사는 굉장히 오래된 셈이다. 아리스토텔레스(기원전 384-기원전 322)는 동물을 해부하여 척추동물의 해부학을 썼으며, 고대 이집트의 프톨레마이오스 왕조(기원전 305-기원전 30, 그 유명한 클레오파트라 7세가 마지막 왕이다) 시대에는 범죄자들을 해부하여, 정확히는 범죄자들의 시체를 해부하여 인체에 대해 자세히 서술하였다. 레오나르도 다 빈치(1452-1519)도 인체 해부를 하였는데, "썩어가는 시체는 정말로 혐오스럽고 역겨운 것"이라는 말을 남겼다고 한다. 다 빈치는 시체 안치소의 시체를 해부하면서 1,000장이 넘는 해부도를 그렸다. 이것은 베살리우스보다 40여 년이나 앞선 성과였다. 그러나 교황이 신성 모독을 이유로 인체 해부를 금지했으며, 다 빈치의 해부도는 결국 출판되지 못했다.

18세기에 들어와 유럽에 의과대학이 생기면서 의대생들이 해부학을 배워야 할 필요성이 생겼다. 해부학을 배우려면 당장 시체가 필요하다. 시체 없이 어떻게 해부학을 배울 수 있겠는가? 그러나 시체는 그리 많지 않았다. 사람들은 자신의 가족이나 친지들이 사망하면 잽싸게 매장을 했으니, 임자 없는 시체를 구하기가 쉽지 않았다. 결국 수요는 범죄를 낳았고, 더 나아가 공급까지 만들어냈다. 밤중에 묘지에서 매장된 지 얼마 안 된, 이른바 '싱싱한' 시체를 훔쳐 가는 일이 빈번히 발생하였고, 아울러 시체를 공급하는 사업까지 생겨났다. 해부학자에게 시체를 팔기 위해 멀쩡한 사람을 죽이는 사업 말이다. 이래서야 죽어서도 편히 눈을 감을 수 있겠는가. 앞에서 언급한, 해부학이라는 학문의 체계를 세운 베살리우스조차 교수대에서 처형된 살인자의 시체를 훔쳤으니, 말 다했다. 해부학자에게 살아 있는 범죄자를 한 명 주면서, 알아서 처리한 다음 해부하라는 판결도 있었다. 결국 이 해부학자는 해부를 했다고 한다. '아일랜드의 거인'이라는 별명으로 유명했던 키 231센티미터의 찰스 번(1761-1783)은 자신의 시체를 수장해달라고 했는데, 그의 시체를 탐낸 의사이자 해부학자인 존 헌터(1728-1793, 종두법을 발견한 제너의 스승이자 협력자)가 찰스 번의 시체를 싣고 갈 배의 선장을 매수한 끝에, 결국 죽은 지 하루도 안 된 쌩쌩한 찰스 번을 가로챈 일도 있었다. 전시는 중단되었지만 찰스 번의 뼈대는 지금도 런던의 헌터 박물관에 있다.

「그레이 아나토미(Grey's Anatomy)」라는 미국 드라마를 기억할지 모르겠지만, 해부학 교과서 중에서 가장 유명한 것을 고르라면 『그레이 인체 해부학(Henry Gray's Anatomy of the Human Body)』이다(드라마에서는 책의 저자 그레이Gray를 따서 주인공 이름 그레이Grey를 만들었다). 의대를 안 다닌 사람들도 한번쯤은 들어보았을 책이다. 헨리 그레이(1827-1861)가 1855년부터 쓰기 시작한 『그레이 인체 해부학』은 내용은 그레이가 썼지만 삽화는 동료 의사인 헨리 반다이크 카터(1831-1897)가 그렸다. 인쇄술의 태생적(?) 한계로 인하여(도장이나 스탬프의 원리를 생각해보면 알겠지만, 인쇄를 하려면 원본 그림이 반대여야 한다) 카터는 해부학 책에 실릴 모든 그림의 좌우를 반대로 그렸다고 한다. 정말로 놀랄 일이다. 상상조차 하기 힘든 작업이었을 것이다. 그런데, 막상 책이 나올 때 그레이는 카터의 이름을 작게 인쇄하고 책등에서조차 빼라고 했다고 한다. 원래 '그레이와 카터의 해부학'이 '그레이 해부학'으로 제목이 바뀐 이유다. 여기에도 반전이 있다. 책을 낸 그레이는 명성과 더불어 천연두를 얻었고, 책이 나온 지 3년 만에 서른셋의 나이로 사망했다. 하지만 카터는 67살까지 오래오래 살았다. 『그레이 해부학』은 2015년에 제41판이 나왔다. 19세기에 나온 책이 21세기인 지금까지도 출판되고 있다.

지금은 의대, 치대, 그리고 한의대생들이 학교에서 해부학 시간에 공식적으로 시체를 해부할 수 있다. 시체의 공급도 원활해져서 이제는 시체에 대한 범죄는 없다고 한다. 예전에는 시체가 부족하여 30-40명이 시체 한 구에 매달려 실습을 했었는데 지금은 시신기증운동 덕분에 10명 이하의 학생들이 한 구의 시체를 해부한다고 한다. 일반적으로 사후 시신 기증 의사를 밝힌 사람의 시체가 병원으로 가서 해부용으로 쓰인다. 무연고자인 경우에도 쓰일 수 있다.

해부를 하는 렘브란트의 그림도 보았고, 해부학에 대한 아주 짤막

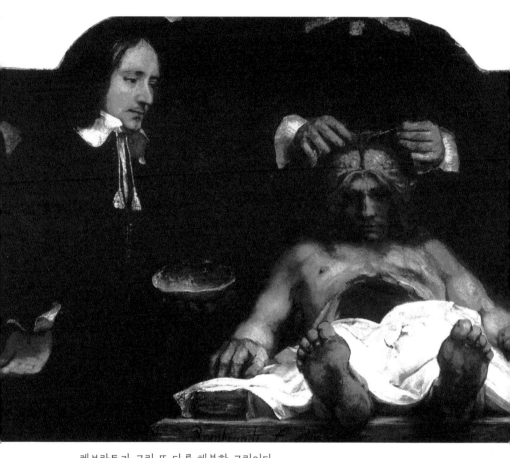

렘브란트가 그린 또 다른 해부학 그림이다.
제목은 「데이만 박사의 해부학 강의」(1656)로서, 뇌를 해부하는 장면을 묘사하였다.
그러나 이 그림은 원래의 1/3이며, 나머지는 화재로 인하여 소실되었다.

한 역사도 보았으므로, 이제 해부학에 대하여 간단히 살펴보자. 인체의 기본 조직은 다음과 같이 나눌 수 있다. 골격계, 근육계, 내분비계, 림프계, 비뇨계, 소화계, 순환계, 신경계, 피부계, 호흡계, 생식계 등이다.

골격계는 뼈로 되어 있는 부분이다. 평균적으로 인간의 뼈는 206개라고 하지만, 개인차가 있다. 누구는 덜 있을 수도 있고, 누구는 몇 개 더 있을 수도 있다. 지금 자신의 몸을 더듬으면서, 뼈가 몇 개인지 세어보고자 하는 사람이 있다면, 말리고 싶다. 솔직히 200까지 센다는 것이 그리 쉬운 일은 아니다. 그러면 인체에서 가장 큰 뼈는 어느 것일까? 누구나 쉽게 대답할 것이 분명한 질문이지만, 답은 넙다리뼈, 즉 대퇴골이다. 엉덩이에서 무릎까지 이어지는 커다란 뼈다. 유대인의 역사에 나오는 삼손은 나귀 턱뼈를 사용해서 1,000명이 넘는 사람을 죽였다고 하는데, 만약 넙다리뼈를 사용했다면, 어쩌면 2,000명도 가능했을지도 모를 일이다. 인체에서 가장 작은 뼈는 귓속에 있는 등자뼈이다. 망치뼈, 모루뼈와 함께 바깥귀의 진동을 안쪽귀로 전달해주는 아주 중요한 뼈다. 질량이 6밀리그램 정도인 등자뼈의 크기는 높이가 3.2밀리미터, 폭이 2.8밀리미터 정도이다. 정말 정말 작은 뼈다. 망치뼈는 8밀리미터 정도이고, 모루뼈는 폭 5밀리미터, 길이 7밀리미터 정도다. 이 세 뼈의 이름이 등자, 망치, 모루인 이유는, 모양이 닮았기 때문이라고 한다. 남자의 뼈가 여자보다 더 두껍고 긴 편이고, 여자는 신체에 비해 큰 골반뼈를 가지고 있다.

근육계는 힘줄과 살을 아울러 이르는 조직이다. 근육은 뼈에 붙어서 뼈를 움직이게 해준다. 그러니까 우리가 움직일 수 있는 이유는 뼈 때문이 아니라 근육 덕분이다. 운동을 열심히 하는 이유가 뼈를 강화시키려고 하는 게 아니다. 물론 뼈도 튼튼해지겠지만, 운동을 하는 이유는 근육을 강하게 하고 근육을 더 잘 사용하려고 하는 데 있다. 근육에는 수의근과 불수의근이 있다. 수의근은 내가 움직일 수 있는 근육이고, 불수의근은 말 그대로 내가 움직일 수 없는 근육이다. 예를 들어보자. 물건을 들어 올리려면 팔의 근육을 쓴다. 내가 마음대로 움직일 수 있다. 그러나 심장을 보자. 심장은 근육 덩어리다. 내가 심장을 내 맘대로 움직일 수 있을까? 너무 힘들면 심장을 좀 쉬게 할 수 있을까? 아니다! 밥을 먹으면 위가 움직인다. 역시 내 맘대로 할 수 없다. 그러므로 수의근은 골격근이고, 불수의근은 내장근이다. 불수의근이라고 해서 걱정할 것 없다. 나의 뇌가 잘 알아서 움직임을 통제하고 있다. 그러고 보면, 실제로 나는 나의 몸 전체를 내 맘대로 통제하고 있는 것이 아니다. 대단히 많은 부분이 뇌의 작용에 의해서 나도 모르는 사이에 많은 일들이 벌어지고 있다.

인간처럼 척추가 있는 동물들만 근육이 있는 것이 아니다. 무척추동물도 근육이 있다. 근육이 있으니까 그들도 움직일 수 있다. 지렁이를 볼까? 지렁이는 잘 기어간다. 근육을 사용하여. 게의 집게발에도 근육이 있고, 곤충의 날개 역시 근육으로 움직인다. 사람의 다리 근육 수축 시간은 0.18초 정도라고 한다. 반면 집파리 날개의 근육 수축 시간은 무려 0.003초에 불과하다. 이제 파리가 어떻게 그처럼 잽싸게 도망가는지 알 것 같다. 모기는 1초에 600번 이상 날갯짓을 할 수 있다. 사람의 가청 주파수가 20~2만 헤르츠 정도니까 600 헤르츠 정도인 모기 날갯소리가 귀에 들리는 것은 당연하다(모기 소리 주파수는 250-2,000헤르츠 정도로 알려져 있다).

내분비계는 호르몬을 분비하는 기관들이다. 이 호르몬이라는 것이 참으로 묘한 물질이다. 몸에서 일어나는 물질 대사나 생리적인 현상을 조절한다. 예를 들어 성장 호르몬이 과다 분비되면 거인이 된다. 인슐린이 잘 안 나오면 당뇨병에 걸린다. 걸릴 수 있다가 아니라 걸린다. 그런데 놀랍게도 호르몬이라는 화학 물질이 신체라는 물질에만 관여하는 것이 아니라, 사람의 감정과 기분까지도 조절할 수 있다. 감정에 관련된 호르몬은 꽤 많지만 대표적인 것은 4가지 정도다.

먼저 매우 큰 스트레스 상황에서 나오는 엔도르핀(Endorphin)이 있다. 엔도르핀은 고통을 줄여준다. 왜 고통을 줄여야 할까? 고통이 너무 크면 사람은 쇼크사할 수 있기 때문이다. 간단히 말해서 너무 아파서 죽을 수도 있다는 뜻이다. 엔도르핀은 인간에게 알려진 마약 중 가장 강력한 마약이다. 모르핀의 800배 효과가 있다고 한다. 엔도르핀이 폭발적으로 나오는 경우는 사망 직전, 출산, 그리고 심각한 부상을 당했을 때라고 한다. 죽음이 고통스러운 과정이라고 우리 몸은 알고 있다. 그리고 출산 역시 그 정도라는 것. 죽을 정도로 아픈 것이 출산임을 여성의 몸은 잘 알고 있다. 운동을 너무 심하게 하면 엔도르핀이 나오는데, 이건 근육의 통증을 마비시키는 효과가 있다. 하지만 근육이 망가지는 또 다른 효과도 경험하게 된다. 엔도르핀을 인공적으로 만들어 몸에 주사해도 엔도르핀 자체가 분자량이 커서 뇌를 외부 물질로부터 보호하는 혈뇌장벽을 넘지 못한다. 뇌에다 직접 분사한다면 또 모를 일이지만, 누가 자신의 뇌를 열어서 거기에 엔도르핀을 투여하라고 하겠는가?

두 번째로는 도파민(Dopamine)이 있다. 뭔가를 하겠다는 의욕을 느끼게 해주고, 뭔가가 이루어졌을 때의 성취감을 느끼게 해준다고 한다. 도파민이 분비될수록 인간은 쾌락을 느끼며, 두뇌가 쌩쌩 돌아가면서 능력이 엄청나게 상승하게 된다. 각성제가 하는 일이 바로 도파민 분비 촉진이다. 필로폰(philopon)은 1893년 도쿄대학 의학부 나가이 교수가 감기약을 개발하다 우연히 발견한 물질로, 다이닛폰제약에서 '히로폰'이라는 이름을 붙여 피로회복제로 판매했다! 제2차 세계대전 때 연합국측과 추축국측 가리지 않고 병사들에게 필로폰을 지급했고, 전후인 1951년에 일본 정부는 금지했다. 필로폰은 도파민을 최대 1,200%(120%가 아니다!)까지 증가시킬 수 있다고 한다. 얼마나 좋은가? 능력치가 12배나 상승한다니! 컴퓨터 게임을 하는 사람들은 잘 알 것이다. 능력치에서 숫자 한둘 올리는 것이 얼마나 힘든지를. 그런데 필로폰은 순식간에 능력치를 1,200%나 올려준다니, 정말로 할 말을 잃게 만든다. 하지만 뭐든지 주는 게 있으면 받는 것도 있다는 법! 인체는 항상 최적화된 상태를 원하며, 이것이 깨지면 반대급부로 무슨 짓인가를 해버린다. 도파민이 너무 많으면 인체는 도파민을 받아들이는 수용체를 줄이게 되고, 그러면 도파민이 있어도 받아들일 수가 없게 된다. 결국 또 다른 효과가 생긴다. 즉 '약쟁이'가 될 수밖에 없는 상황이 온다.

세 번째는 세로토닌(Serotonin)이다. 행복을 느끼는 데 기여한다고 한다. 이게 부족하면 우울증, 성격 장애, 섭식 장애, 불안, 강박 등이 나타날 수 있다. 세로토닌이 잘 나오는 사람은 평상심을 유지하는 것이 쉽다.

네 번째는 옥시토신(Oxytocin)이다. 일명 '사랑의 호르몬'이라고도 불린다. 옥시토신의 주 역할은 자궁 수축으로서, 분만 과정을 순조롭게 하고 모유 생산에도 관여한다. 그리고 자기 자식을 돌보도록 유도한다. 또한 마음에 드는 상대를 보면 분비된다. 호르몬을 분비하는 내분비계는 우리가 직접 통제할 수는 없지만, 우리의 삶에 아주 중요한 역할을 하고 있다.

림프계는 림프[Lymph; 림프의 음역어가 임파(淋巴)] 기관들로 이루어진 순환계이다. 림프액은 조직액의 일부가 정맥으로 가지 않고, 림프관 속을 흐르는 것이다. 우리 몸의 체액은 여러 가지가 있는데, 대표적인 것이 혈액과 림프이다. 놀라운 일은 아니지만, 눈물, 침 그리고 소변도 체액에 포함된다. 소변도 몸에서 나오지 않는가? 그러므로 생식에 관계된 정액도 체액의 범주에 들어간다. 림프액은 혈장이 한 번 더 여과된 상태라고 할 수 있으며, 노란색 액체다. 혈액에서 적혈구가 빠진 것이 림프라고 보면 된다. 그러니까 림프에는 백혈구도 있고, 림프구도 있다. 림프구는 면역 등에 관여하는 세포이다. 림프액은 몸의 이온 균형을 유지하고, 면역에도 관여하는 등 여러 가지 일을 한다. 우리 몸은 겉은 고체 형태로 되어 있지만, 내부는 액체로 차 있고, 이 모든 것들이 원활히 동작하기 위해서는 기체도 필요하다. 산소를 마셔야 살 수 있지 않는가?

비뇨계는 노폐물을 몸 밖으로 내보내는 기관이다. 비뇨계는 신장(콩팥), 방광 및 요관, 요도 등으로 구성되어 있다. 비뇨계통에 고장이 생기면 참으로 난감하다. 신장결석에 걸리면 소변을 내보내는 작용에 문제가 생기는 것은 제쳐두고, 그 고통이 참기 어렵다고 한다. 거의 출산에 버금가는 통증이라니, 얼마나 아픈지 짐작이 간다.

소화계통은 말 안 해도 잘 알 것이다. 생명체는 에너지가 있어야 살 수 있으며, 인간은 외부의 음식을 몸속에 집어넣음으로써, 에너지를 얻는다. 식물은 이렇게 하지 않고, 광합성이라는 대단히 뛰어난 화학 작용을 통하여 에너지를 얻는다. 동물은 외부의 음식이 입에 들어온 다음, 위와 장을 지나면서 소화라는 작용을 통하여 몸이 요구하는 에너지를 만들어낸다. 인간 역시 마찬가지이다. 소화기는 두 개의 문과 하나의 방으로 단순화시킬 수 있다. 하나의 문은 음식이 들어오는 곳이고, 하나의 방은 음식이 소화되는 곳이다. 그러면 나머지 하나의 문은 무엇일까? 소화되고 남은 불필요한 것들이 나가는 문이다. 두 문 중 어느 한쪽이라도 막히면 대단히 곤란해진다.

순환계는 체액의 흐름을 담당하는 기관이다. 혈액과 림프액을 이용하여 몸의 각 부분으로 영양분과 산소를 공급하고, 노폐물을 호흡계나 비뇨계로 보내 몸 밖으로 내보내도록 한다. 순환계에서 가장 중요한 기관은 뭐니 뭐니 해도 심장이다. 피를 펌프질하여 몸의 각 부분으로 보내는 심장이야말로 예전부터 인간의 몸에서 가장 중요한 곳으로 여겨졌으며, 심장이 멈추면 사람이 죽는 것으로 규정하여, 심장사일 때 사람이 죽었다고 하였다. 그러나 현대에 들어와서 이것이 바뀌었다. 기계를 이용하여 외부에서 호흡을 시켜주고, 심장은 뛰는데, 뇌의 기능이 정지한 상태가 있다. 아직까지 회복은 불가능하다고 여겨진다. 이런 상태를 뇌사라 하며, 지금은 심장사가 아닌 뇌사를 인간의 죽음으로 규정하고 있다. 아직 몸의 기관들은 살아 있으므로 장기 이식을 할 수 있다. 인간의 혈관을 이으면 약 10만~12만 킬로미터 정도라고 한다. 지구 둘레가 4만 킬로미터니까, 혈관을 쭉 한 줄로 이으면 지구를 세 바퀴 돌 수 있을 정도이다. 이 혈관에 심장은 날마다 매순간 조금도 쉬지 않고, 끊임없이 혈액을 보내고 있다. 정말 대단한 기관이라고 말하지 않을 수가 없다.

신경계는 외부 자극을 받아들이고 반응하는 기관이다. 중추신경계, 말초신경계, 그리고 자율신경계로 구성되어 있다. 중추신경계는 뇌와 척수를 말하고, 말초신경계는 몸의 각 부분에 연결된 신경계이다. 자율신경계는 교감 신경과 부교감 신경으로 이루어져 서로 반대로 작용한다. 사람이 너무 흥분하면 자율신경계가 알아서 흥분을 가라앉히는 쪽으로 동작한다. 이게 제대로 동작하지 않으면 사람이 너무 흥분하거나 너무 침울해지게 된다. 정신병과도 연관이 된다.

피부계는 몸의 외부를 덮고 있는 기관이다. 아마 사람이 가장 신경 쓰는 기관일 것이다. 인간의 몸 중에서 특별한 도구 없이 바로 볼 수 있는 기관이 피부계이다. 피부, 머리카락, 손톱 등이 모두 포함된다. 피부병이 생기면 아프거나 가려운 것은 둘째 치고, 다른 사람의 눈길 때문에 집 밖을 못 나가는 경우가 종종 생긴다. 화장을 하는 행위 역시 피부계를 곱게 보이도록 하는 것에 불과하다. 옛말에 '아름다움은 피부 한 꺼풀이다'라는 말도 있다. 여성들은 피부에 많은 신경을 쓴다. 한국 화장품 시장 규모는 1년에 70억 달러에 이른다. 약 7조 원 규모이다. 정말 대단하다. 1년 동안 대한민국 여성들이(요즘은 남성도 상당히 포함된다) 화장품에 7조 원을 지불한다는 말이다. 그러면 세계 시장은? 1위는 미국, 2위는 일본, 3위는 중국이다. 여기서 '여자들이란……' 이런 식으로 반응하면 안 된다. 남성들은 피부에 신경 쓰지 않는 대신, 다른 데 신경을 쓴다. 바로 머리카락이다. 구태여 용도를 찾자면 겨울에 머리를 보온해주는 것 외에는 별로 쓸모가 없는 부분이다. 넘어졌을 때 머리를 보호해준다고? 그럼 한 번 콘크리트 바닥에 넘어져보라! 머리카락의 보호 기능에 대하여 확실히 알 수 있을 것이다. 머리카락이 별로 쓸모가 없는 기관임은 분명한데, 남성들은 여기에 대단히 많은 관심을 기울인다. 어쩔 수 없다. 여자들이 대머리를 얼마나 싫어하는지 잘 알기 때문이다. '남자들이란……' 서양의 남성 탈모 비율은 거의 40%에 육박한다. 그러니까 서양은 두 명의 남자가 모이면, 그중 한 명은 분명 대머리이다. 반면 동양의 남성 탈모 비율은 일본이 27%, 중국이 20% 정도이고, 한국은 그 중간인 23% 정도라고 한다. 우리나라 남성은 대략 다섯 명 중에 한 명 꼴로 대머리인 셈이다.

호흡계는 외부 호흡을 하기 위하여 있는 기관이다. 사람은 숨을 쉬지 않으면, 아니, 스스로 숨을 안 쉴 수는 없으니까, 숨을 쉬지 못하면, 즉 산소를 공급받지 못하면 몇 분 내로 사망한다. 지구의 거의 모든 생명체는, 혐기성 생명체 몇몇을 제외하면 산소 없이 살 수 없다. 식물도 마찬가지다. 물에서 생활하는 생명체들도 물속에 녹아 있는 산소를 흡수한다. 호흡계 중 가장 중요한 부분은 폐다. 심장은 몸에 하나밖에 없지만 폐는 좌우 두 개가 있어서 하나가 망가지더라도 다른 하나로 충분히 살아갈 수 있다. 얼마나 다행인지 모른다. 심장은 몸속에 있으므로 외부로부터 오염될 가능성이 적지만, 폐는 항상 외부 공기를 흡수하고 내뱉으면서 외부의 오염원이 얼마든지 침투할 수 있다.

그런데 심장과 폐는 아주 중요한 차이가 있다. 심장은 근육이므로 스스로 움직일 수 있다. 그러나 폐는 근육이 아니므로 스스로 움직일 수 없다. 우리는 횡격막을 이완시켜서 숨을 들이쉬고, 횡격막을 수축시켜서 숨을 뱉는다. 이 운동을 할 수 없으면 폐는 스스로 공기를 빨아들일 수 없다. 복어의 독인 테트로도톡신(신경을 마비시키는 독)에 중독되면 몸을 움직일 수 없다. 당연히 횡격막을 이완, 수축시킬 수가 없게 되고 폐는 공기를 공급받지 못한다. 멀쩡히 눈 뜬 상태로, 호흡이 안 되는 자신을 보면서 죽어가게 된다. 끔찍한 일이다. 이런 경우 살아남으려면 누군가 도와줘야 한다. 끝이 날카로운 도구로 목을 찔러서 구멍을 낸 다음, 여기에 빨대 같은 것을 꽂아 숨을 불어 넣어주면 산소가 공급되므로 살아날 수 있다. 하지만 식도가 아니라 기도에 불어넣어줘야 한다. 위 속에 산소를 불어넣어봐야 말짱 헛일이니까. 그리고 당연히 앰뷸런스에 실려서 서둘러 응급실로 가야 한다. 자연 독 중에서 복어 독에 의한 사망이 일 순위라고 한다. 호흡이 이토록 중요한데도 불구하고, 양쪽 허파가 심장을 감싸고 있는 형태로 되어 있어, 외부 충격이 가해지면 그 충격은 폐가 먼저 받게 된다. 외부 충격으로 갈비뼈가 부러지면 폐를 찌르는 경우도 종종 생긴다. 그러나 심장을 찔렀다는 경우는 별로 들어본 적이 없다. 역시 심장이 더 중요한 기관인가 보다.

마지막으로 생식계가 있다. 생식계의 목적은 단 하나이다. 자손을 남기는 것! 위에 나왔던 기관들은 남녀 모두 동일하나, 오직 생식계만 남녀가 다르다. 남성의 생식 기관 일부는 몸 밖으로 나와 있다. 그러나 여성의 생식 기관은 몸 안에 들어 있다. 생식 기관을 이용하여 인간은 체내 수정을 한다. 남성의 몸 안이 아니라, 여성의 몸 안에서 체내 수정이 이루어지기 때문에 여성이 태아를 자신의 몸 안에서 40주 정도 키운 다음, 몸 밖으로 내보낸다. 우리는 이 과정을 섹스,

임신, 출산이라는 단어로 표현한다. 새로운 인간이 만들어지는 3단계 과정이다. 하나라도 빠져서는 안 된다. 세 가지의 과정 중 하나는 남녀가 같이 하는데, 나머지 두 개의 과정은 여성 혼자 한다. 의학이 획기적으로 발전한다면, 여성 혼자 하는 두 개의 과정에 남성이 도움을 줄 수 있을지도 모르겠다. 그러면 좀 공평해지려나?

이런 인간의 몸 구조에 대한 연구는 해부학이 발전하면서 이루어졌다. 아주 옛날 사람의 신체 구조를 전혀 몰랐을 때는 의학이라는 것이, 말만 의학이지 사이비였다. 아픈 사람을 뉘어놓고 그 앞에서 중얼거리거나, 연기를 피우거나, 물을 뿌리거나, 심하면 피를 뽑기도 하였다. 특히 피를 뽑는 사혈법은 근대에 이르기까지 세계 곳곳에서 성행되었는데, 운이 좋아 살아남으면 의사 덕분이라 하고 죽으면 원래 죽을 병이었다고 하면 그만이었다. 강한 호기심과 적당히 미친 해부학자들이 시체를 훔쳐서까지 연구한 덕분에, 그리고 사후 자신의 시신을 의과대학에 기증해주신 숭고한 분들 덕분에 해부학은 이만큼 발전하였으며, 따라서 의학도 발전하였다. 그 결과는? 인간의 기대수명이 연장되었다. 어쩌면 우리가 이렇게 오래 살 수 있는 것은 전적으로 해부학자들 덕분인지도 모른다.

2. 뉴턴,
빛을 일곱 조각으로 나누다

- 무지개를 일곱 빛깔로 분류하고 햇빛의 진짜 색을 밝혀낸 실험은?

아이작 뉴턴(1643-1727)의 이름은 아마 전 세계 사람들이 알고 있을 것이며, 물리학을 비롯하여 자연과학과 공학을 배우는 사람들은 힘의 단위로서(힘의 단위가 뉴턴이다) 그의 이름을 수업시간뿐만 아니라 책에서도 듣고 볼 것이다. 물리학적으로 물체의 무게라는 개념은 지구 상에서는 지구가 그 물체를 끌어당기는 중력(중력은 힘이다)과 같으므로 무게의 단위 역시 뉴턴이다. 참고로, 무게의 단위는 킬로그램이 아니다. 킬로그램은 질량의 단위다!

오른쪽 그림 속의 뉴턴은 문틈으로 새어 들어온 한 줄기 태양광을 손에 들고 있는 프리즘(그림에서는 프리즘이 거의 보이지 않으나 우리는 충분히 알 수 있다)에 통과시켜 투과된 빛줄기를 의자에 놓여 있는 하얀 천이 씌워진 보드에 비추고 있다. 그 결과 빨강부터 보라까지 무지개가 펼쳐

17세기 과학자 뉴턴의 프리즘 실험을 그린 19세기 목판화.
태양광을 프리즘에 투과시키면 일곱 빛깔 무지개가 생기고,
무지개를 다시 프리즘에 투과시키면 햇빛의 빛, 즉 흰색이 된다.
뉴턴의 프리즘 실험으로 햇빛의 색은 하나의 색(흰색)이 아니라
수천 가지 색깔이 합해진 색임이 밝혀졌다.

졌다. 책상 위에는 책과 종이, 깃털 펜, 그리고 망원경이 놓여 있다. 뉴턴은 자신만의 반사식 망원경을 만들어 하늘을 관찰했다. 그전의 망원경은 갈릴레이가 만든 굴절망원경이었다(볼록렌즈와 오목렌즈의 조합을 이용한다). 굴절망원경은 색수차가 나타나 행성을 관찰할 때 색 번짐이 발생한다. 이를 극복하고자 뉴턴은 반사망원경을 만들었다. 렌즈 대신 거울을 이용한 망원경이다(눈으로 보는 부분에는 렌즈가 들어간다). 책상과 의자 사이 바닥에 상당히 두꺼운 책이 한 권 떨어져 있는데 책을 바닥에 떨어뜨리다니, 정말 뉴턴답다. 연구에 몰두하면 다른 것은 모두 잊어버리는 그의 성격이 그대로 보인다. 물론, 뉴턴은 17세기 인물이고 판화는 19세기에 제작되었으므로 조각가는 상상 속의 뉴턴과 그의 실험을 묘사한 셈이다.

뉴턴은 수많은 위대한 과학적 업적으로도 유명하지만, 그림에서 보이듯이 빛을 프리즘으로 분해한 사람이기도 하다. 물론 뉴턴 이전에도 프리즘으로 빛을 분해한 사람들은 있었다. 데카르트는 프리즘이 무지개를 만든다는 틀린 판단을 하였다. 뉴턴은 무지개의 원인이 프리즘이 아니라 빛 자체에 있다는 올바른 판단을 하였다. 그런데, 빛을 분해하다니, 이게 대체 무슨 말인가? 빛을 칼로 자르기라도 했단 말인가? 아니다! 빛이 원래 하나의 어떤 것이었다면, 절대 나눌 수 없었을 것이다. 그러나 빛, 정확히 말하면 인간의 눈이 감지할 수 있는 가시광선은 셀 수도 없을 정도로 많은 서로 다른 파장의 빛이 섞여 있는 상태이다. 그리고 서로 다른 파장의 빛은 유리와 같은 적당

빛의 정체는 무엇일까?

뉴턴이 빛을 분해하기 이전부터 사람들은 빛에 대해 많은 관심을 가지고 있었다. 아리스토텔레스는 암상자(원시 카메라)를 사용한 실험을 하였고, 프톨레마이오스는 광학 책을 쓰면서 빛의 굴절을 다루었다. 유클리드 역시 광학 책을 썼다. 영국의 로저 베이컨도 빛의 반사와 굴절 등을 다루었다. 그러나 광학이 발전하게 된 계기는 17세기 망원경의 발명 이후부터였다. 갈릴레이, 케플러, 데카르트 등이 광학을 발전시켰다.

이후 뉴턴이 빛의 입자설을 주장하였다(빛 입자가 막힘없이 지나가면 밝고, 빛 입자가 물체에 막히면 어두워져서 그림자가 생긴다). 뉴턴은 분명 거인들의 어깨에 올라갔었다. 한편 호이겐스는 빛이 파동이라 주장하였고, 두 개의 이론, 빛의 입자설과 빛의 파동설은 팽팽히 맞섰다. 그러나 뉴턴의 이름값은 워낙 비쌌다. 참고로 2005년에 뉴턴과 아인슈타인을 놓고, 누가 과학사에 더 큰 영향을 끼치고 인류에 더 큰 공헌을 하였는지 설문조사를 했다. 승리자는 뉴턴. 이때 투표는 영국왕립학회 회원들이 했다.

그래서 파동설은 한동안 구석에 처박혀 있었으나 토머스 영의 유명한 이중 슬릿 실험과 에드몽 베크렐의 광기전력 효과(이 현상이 태양전지의 기초이다), 패러데이의 편광 실험, 그리고 맥스웰 방정식(맥스웰 방정식을 풀면 빛이 전자기파라는 것이 드러난다. 빛은 파동이다!)을 거치면서 뉴턴의 입자설이 뭉개지고 파동설이 승리하였다. 그러나 이 승리는 오래가지 못했다. 아인슈타인이 등장하여 '광전 효과'를 통하여 빛이 입자임을 다시 증명하였다. 현대 물리학에서는 빛은 입자요 파동이라는 입장을 취한다. 어찌 그럴 수 있냐고? 아직 물리학은 입자와 파동을 한꺼번에 설명할 수 있는 이론을 만들어내지 못하고 있다히 투명한 물체를 통과하면서 서로 다른 각도로 꺾인다. 이유는? 공기보다는 유리 속에서 아무래도 빛이 느려지지 않을까? 바로 그렇다! 파장이 다르면 느려지는 정도도 다르고, 느려지는 정도가 달라지면 꺾이는 각도도 달라진다.

우리는 프리즘으로 분해된 빛의 색을 보면서 빨강부터 보라까지 일곱 가지 정도의 색깔로 구별하는데, 이것 역시 뉴턴의 분류를 따른 것이다. 옛날에 우리나라에서는 무지개가 오색이었다. 음양오행에 따라 오색 무지개였는데, 서양 문화를 받아들이면서 무지개의 색이 다섯 색깔에서 일곱 빛깔로 늘어난 것이다. 하지만 무지개의 색은, 우리가 구별을 못할 뿐, 사실은 엄청나게 많다. 한국표준색표집에 따르면 1,487개의 유채색과 32개의 무채색이 있다. 무지개는 유채색이므로 1,000개가 넘는 색이 그 안에 퍼져 있는 셈이다. 단지 우리가 눈으로 구별하지 못할 뿐이다.

뉴턴 이전에는 햇빛이 색이 없는 것으로 생각했는데 뉴턴이 햇빛은 여러 색이 혼합된 상태라는 것을 밝혔다. 재미있는 점은 무지개색으로 나뉜 7개의 빛을 다시 프리즘에 넣으면 햇빛색, 즉 흰색이 된다는 것이다. 프리즘은 빛을 나누기도 하고, 합치기도 하는 기능이 있다. 뉴턴은 이런 식으로 여러 개의 프리즘을 이용한 실험을 하였고, 올바른 과학적 결론에 도달할 수 있었다.

1684년 크리스토퍼 렌(1632-1723, 영국에서 두 번째로 큰, 런던에 있는 세인트 폴 대성당의 설계자이다), 로버트 훅(1635-1703, 용수철에 관한 훅의 법칙을 만들었다), 에드먼드 핼리(1656-1742, 핼리 혜성은 그의 이름을 땄다)가 모여서 중력의 역제곱에 따르는 행성의 궤도에 대하여 논의를 하였으나, 시원한 결과를 내지 못했다. 핼리는 뉴턴을 찾아가서 물어보았고, 뉴턴은 행성의 궤도가 타원이라고 말해주었다. 핼리가 왜 그런지 이유를 묻자, 뉴턴은 계산해보았다고 했다! 뉴턴은 케플러의 제1법칙인 타원 궤도의 법칙을 수학적으로 증명하였다. 뉴턴은 물리학자, 수학자, 반사망원경 발명가, 천문학자였으며 신학 및 연금술도 연구하고 저술을 남겼다. 참으로 여러 분야에 다재다능하였다.

인간은 전자기파를 볼 수 있는 능력이 있다. 전자기파를 본다고? 그렇다! 빛도 전자기파에 속하므로, 현대 물리학에 의하면 빛과 전자기파는 같은 것에 대한 다른 이름일 뿐이므로, 빛을 볼 수 있는 인간은 전자기파를 볼 수 있는 것이다. 단지 아주 좁은 영역, 그러니까 대략 400나노미터의 파장에서부터 800나노미터의 파장까지 볼 수 있다. 400나노미터 파장은 우리 눈에 보라색으로 보이고, 650나노미터 파장은 빨간색으로 보인다. 가장 편하다고 느끼는 초록색은 파장이 550나노미터 정도이다. 그러나 진짜로 550나노미터 파장의 광자가 초록색인지는 아무도 모른다. 이것은 우리가, 우리의 뇌가 그렇게 인지하는 것이다. 우리는 물질의 원자나 분자들의 구조에 의하여 반사되는 빛을 보고, 반사된 빛이 그 물질의 색이라고 인지하는 것에 불과하다.

빛은 인간의 삶에 제1의 필수 요건이다. 상상을 해보자. 만약 이

영국 런던의 펠멜 가에
세워진 새로운 스타일
의 가스등을 보며 사람
들이 놀라는 모습을 그
린 「펠멜 가의 가스등
구경」(1809). 신랄한 풍
자화로 유명한 토머스
롤런드슨의 그림이다.

세상에 빛이 없다면, 그래서 항상 캄캄하다면? 아마 우리는 저 깊은 심해, 빛이 없는 곳에 살면서 시각 기관이 퇴화된 생물처럼 진화했을 것이다. 많은 과학자들이 빛이 무엇인지 밝혀내었으며, 많은 기술자들이 빛을 이용하여 다양한 물건들을 만들어내었다. 동굴에 살던 원시인들은 해가 뜨면 세상이 밝아지고, 해가 지면 세상이 어두워지는 것을 당연히 여기며 살았다. 고대와 중세를 거치면서 사람들은 동물의 기름을 이용하여 어둠을 밝혔다. 수많은 고래들이 죽음을 당한 것도 등불을 밝히는 데 쓸 기름 때문이었다. 근대에 들어오면서 가스라는 것이 연구되고, 드디어 가스를 조명에 이용하게 되었다. 18~19세기 도시의 밤거리를 밝힌 것은 가스등의 노란 불빛이었다.

조금 시간이 지나자 드디어 전기를 조명에 이용할 수 있게 되었다. 에디슨(1847-1931)이 백열등을 발명함으로써 이제 도시는 어둠을 걷어버리고 빛의 세계로 들어섰다. 백열등에 전기를 공급하기 위한 발전소 및 송전, 배전 시스템도 필요해졌다. 유명한 전류 전쟁이 시작되었고, 에디슨은 웨스팅하우스(1846-1914)와 테슬라(1856-1943)에게 패배하여 현재의 발전 시스템은 교류가 되었다. 하지만 근거리에서는 여전히 직류가 좋다. 또 하나! 가정에 쓰이는 모든 전자 제품은 직류로 동작한다. 그래서 이 모든 제품의 내부에 교류를 직류로 변환해주는 교류/직류 변환기가 내장되어 있다. 스마트폰을 충전시키는, 전원 콘센트에 꼽는 네모난 물체 역시 교류/직류 변환기이다. 백열등은 형광등으로, 그리고 발광 다이오드(LED)로 진화하면서 지구에서 어둠을 몰아내고 있다. 1879년 에디슨이 발명한 백열등은 8년 뒤인 1887년에 태평양을 건너 조선 왕조까지 들어와서 경복궁의 건청궁 안뜰을 환하게 밝혔다. 어둠에서 벗어나기 위한 인간의 노력이 지금의 환한 세상을 만들어내었다. 과학자들과 기술자들에게 경의를 표한다.

3. 프톨레마이오스,
"별, 너의 이름은……"

- 오리온자리에서 남십자성까지, 88개 별자리 이름은 어떻게 붙여졌을까?

하늘에 떠 있는 별은 헤아릴 수 없이 많지만 별자리는 딱 88개뿐이다. 왜 그럴까? 이유는 간단하다. 국제천문연맹이 공식적으로 88개의 별자리를 정했기 때문이다(정확히는 16번 남쪽물고기자리와 28번 물고기자리가 같은 별자리라서 번호 자체는 89번까지 있다). 별자리는 기원전 3000년 무렵에 바빌로니아에서 시작되었다고 한다. 하지만 아마도 세계 여러 나라의 목동들이 밤하늘을 올려다보면서 그들 나름의 이야기를 하늘에 새겼을 것이다. 바빌로니아의 별자리는 고대 그리스 로마로 이어졌고, 그리스 로마인들은 별자리에 신들의 이야기, 영웅들의 성쇠, 그리고 신비한 동물들의 이름을 붙여주었다.

88개 별자리에 이름을 붙인 사람은 누구일까? 처음으로 별자리의 이름을 불러준 사람은 천동설을 주장한 그리스의 천문학자 프톨레마이오스(100?-170?)이다. 가장 중요한 별자리인 황도 12궁(태양이 지나가는 가상의 길로 여기에 12개의 별자리를 대응하였다)은 양자리, 황소자리, 쌍둥이자리, 게자리, 사자자리, 처녀자리, 천칭자리, 전갈자리, 궁수자리, 염소자리, 물병자리, 물고기자리이다. 이 가운데 프톨레마이오스가 정한 별자리는 몇 개나 될까? 12개 전부다. 천동설을 정립할 정도의 천문학자였으므로 당연히 태양이 지나가는 궤도에 있는 별자리를 먼저 정했을 것이다.

여기에 더하여 그가 정한 유명한 별자리는 안드로메다자리, 카시오페이아자리, 켄타우루스자리, 헤라클레스자리, 오리온자리, 페르세우스자리, 페가수스자리 등이 있다. 전부 그리스 로마 신화에 나오는 존재들이다. 항해하는 뱃사람들이 기준으로 삼는 북극성은 작은곰자리에 있는데, 이것 역시 큰곰자리와 더불어 프톨레마이오스가 정했다. 말하자면 우리가 알고 있는 웬만한 별자리는 모두 프톨레마이오스가 이름을 붙인 것이다. 그것이 무려 2,000년의 시간을 뛰어넘어 오늘날까지 이어지고 있다.

프톨레마이오스 이후 별자리는 좀처럼 늘어나지 않았다. 그러다가 17세기에 단치히시의 시장이자 천문학자였던 요하네스 헤벨리우스(1611-1687)가 방패자리, 여우자리 등 10개를 추가하였는데, 그중 7개는 지금도 사용되고 있다. 이후 몇 개의 별자리가 나뉘고 몇 개가 추가되었다. 18세기에 프랑스의 천문학자 니콜라 루이 드 라카유(1713-1762)가 공기펌프자리, 조각칼자리 등 남반구의 별자리 14개를 추가

17세기 네덜란드 지도 제작가 겸 예술가인 프레데릭 드 위트가 1670년 제작한 성도(별자리 그림)이다. 다양한 인물들과 동물들 그리고 몇 가지 도구로 이루어진 별자

리를 볼 수 있다. 드 위트가 남긴 100권이 넘는 지도책들과 수천 점의 지도들이 소장가들의 개인 컬렉션과 특별 수집품 도서관에 고이 모셔져 있다.

하여 오늘날의 88개 별자리가 완성되었다.

　북반구에서는 당연히 남쪽 하늘의 별자리를 볼 수 없고, 남반구에서는 북쪽 별자리를 볼 수 없다. 우리나라는 북반구에 있으므로 북반구의 40개 별자리는 볼 수 있지만, 남반구에 있는 48개 별자리

동아시아 별자리, 북극성은 '옥황상제'

동아시아 삼국(한국, 중국, 일본)에서도 19세기까지 자체적으로 280여 개의 별자리와 1,460여 개의 별로 구성된 천문도를 사용했다. 예를 들면 우리가 북두칠성이라고 부르는 일곱 개의 별은 큰곰자리의 꼬리 부분에 해당한다.

동아시아의 별자리는 간단히 3원 28수로 요약할 수 있다. 3원은 태미원, 자미원, 천시원이다. 태미원은 서양 별자리의 처녀자리, 사자자리, 큰곰자리에 걸쳐 있으며, 삼태성이 여기에 속한다. 흔히 삼태성을 오리온자리의 허리에 있는 세 개의 별로 알고 있지만, 이것은 서양 천문학의 영향이며, 원래는 큰곰자리의 발바닥 부근에 있는 세 별이다. 오리온자리의 세 별은 '삼성'이라 부르는 것이 맞다. 자미원은 천구의 북극과 큰곰자리 일부와 작은곰자리에 해당하며, 북두칠성이 여기에 속한다. 천시원은 뱀주인자리, 뱀자리에 해당한다. 28수는 7개씩 묶어 네 개의 집합을 이루며, 청룡, 백호, 현무, 주작의 4방신에 해당한다. 옥황상제는 북극성이며, 직녀성은 거문고자리의 베가, 견우성은 독수리자리의 알타이르이다. 은하수를 중심으로 견우성은 동쪽에, 직녀성은 서쪽에 있어서 서로 만나지 않는다.

요하네스 헤벨리우스와 그의 부인 엘리자베스가
육분의(천체의 고도를 측정하는 도구)로 하늘을 관측하고 있다.
1673년에 헤벨리우스가 쓴 책에 들어 있는 삽화다.

는 볼 수 없다. 북반구의 항해사들에게는 북극성(폴라리스)이 기준이었듯이, 남반구의 항해사들에게는 남십자성(서던 크로스)이 기준이었다. 북극성은 작은곰자리(현재는 작은곰자리의 알파성)에 있고, 남십자성은 어느 특정한 별이 아니라 남십자자리를 가리킨다. 참고로 북두칠성은 큰 곰자리에 있다.

프레데릭 드 위트(1629-1706)의 성도(44~45쪽)는 상당히 의미심장하다. 그림에는 두 개의 큰 원과 여섯 개의 작은 원이 있는데, 큰 원에는 별자리가 그려져 있다(여섯 개의 작은 원에 대한 상세한 설명은 50~51쪽 참조). 왼쪽 원둘레에는 황도 12궁이 그려져 있으며, 오른쪽 원은 왼쪽 원의 거울 대칭으로 마찬가지 황도 12궁이 배열되어 있다. 가운데로 접으면 서로 포개진다.

왼쪽 원의 위를 보면 페가수스가 있고, 그 아래 사슬에 묶인 안드로메다와 카시오페이아(안드로메다의 어머니)가 보인다. 안드로메다 바로 아래에는 그녀를 구한 페르세우스가 손에 칼을 들고 달려온다.

맨위부터 차례로
페가수스, 안드로메다,
카시오페이아,
페르세우스.

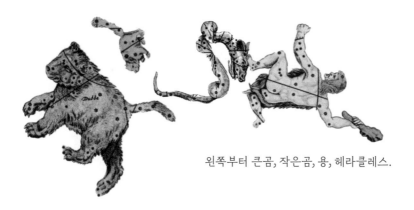

왼쪽부터 큰곰, 작은곰, 용, 헤라클레스.

가운데에는 큰 곰과 작은 곰이 있다.
그 옆에는 용과 손에 몽둥이
를 든 헤라클레스가 보인다.
　오른쪽 원 위쪽에는 거대한
고래가 보이고, 그 아래에는 오
리온이 있다. 가운데 뒤집힌 노란 배
는 황금 양털을 찾아 이아손이 타고 떠
났던 아르고 호이다. 바로 그 밑에 반인
반마인 켄타우루스가 자리 잡고
있다.
　헤라클레스자리는 여름에 보이
고, 오리온자리는 겨울에 보이므로,
좌우 그림은 여름과 겨울 별자리를 그
린 셈이다.

맨위부터 차례로
고래, 오리온, 아르고 호,
켄타우루스.

44~45쪽 프레데릭의 성도 가장자리에 자리한 여섯 개의 작은 원은 상당히 재미있다. 하나씩 분석해보자.

왼쪽 위의 원 아래에 두 문장이 있는데, 위쪽 문장은 AESTUS MARIS PER MOTUM LUNAE라고 되어 있다. 라틴어인데 순서대로 번역하면, 조수, 바다, 덕분에, 운동, 달, 이렇게 나온다. 아래쪽의 문장은 르네 데카르트(R. DES CARTES)이므로 이 그림은 데카르트가 제시한 달의 운동에 의한 바다의 조수간만을 그린 것이다.

가운데 위의 그림에는 HYPOTHESIS PTOLEMAICA라는 문장이 있다. 프톨레마이오스의 가설이므로, 그의 천동설을 묘사한 그림이다. 가운데에 지구가 있고 그 주위로 달, 수성, 금성, 태양, 화성, 목성, 토성의 궤도가 그려져 있다. 태양이 금성과 화성 사이를 돌고 있다.

우측 그림은 HYPHOTHESIS TYCHONICA이므로 티코 브라헤의 가설을 그린 것이다. 브라헤는 천동설과 지동설을 절충하려 하였다. 그림에는 지구 둘레를 도는 달과 태양이 있으며, 지구 외의 다른 행성들은 태양 주위를 돌고 있다.

이제 아래쪽 작은 원으로 가보자. 왼쪽 원의 문장은 ILLUMINATIO LUNAE PER SOLEM으로서, 뜻은 밝게 빛남, 달, 덕분에, 태양, 즉 태양 덕분에 빛나는 달이다. 위치에 따라 달의 모양이 다르게 보이는 것(보름달, 반달, 그믐달 등)을 그렸다.

가운데 그림의 문장은 HYPOTHESIS COPERNICANA 이다. 코페르니쿠스의 가설로서, 태양이 가운데 있고 그 둘레를 수성, 금성, 지구, 화성, 목성, 토성 순으로 돌고 있다. 지구 자리에는 땅을 의미하는 TERRA가 보이는데, 지구 둘레를 달이 돌고 있다. 지동설로서 현대 천문학과 일치한다.

마지막 그림의 위쪽 문장은 P. LANSBERGII SCHEMA인데, 앞 단어는 Porthidium lansbergii로서 뱀의 한 종류이고, 뒤 단어는 형태라는 뜻이다. 그러면 뱀의 형태가 된다. v아래 문장은 MOTUS TERRAE ANNUI CIRCA SOLEM 이고, 의미는 운동, 지구, 1년의, 주위, 태양이다. 태양의 둘레를 도는 지구의 1년 동안의 운동이 그려져 있다. 지구가 태양 주위를 한 바퀴 돌아 다시 제자리로 오면 뱀의 또아리 모양이 된다.

놀랍다! 이 성도는 단순히 별자리만 그린 그림이 아니라, 당시 천문학의 가장 중요한 내용을 담은 그림이다.

4. 작은 새는
왜 공기 펌프 안에 갇혔을까?

– 「공기 펌프 속의 새에 대한 실험」으로 읽는 진공 이야기

「공기 펌프 속의 새에 대한 실험」이라는 제목을 보기 전에는 54~55쪽 그림이 뭘 그린 것인지 분간하기 쉽지 않다. 그러므로 그림을 살펴보기 전에 로버트 보일(1627-1691)에 대한 이야기부터 해야겠다. 중학교 과학 책에도 나오는 그는 '보일 법칙'으로 잘 알려진 사람이다. 보일 법칙은 그리 어렵지 않다. 기체의 부피와 압력에 관한 이론으로, 예를 들어 풍선에 공기를 적당히 넣은 다음 손으로 눌러보면 풍선이 눌린다. 이것이 보일 법칙의 전부이다. 과학적으로 말하면 '기체는 압력이 증가하면 부피가 줄어든다'라는 것이다. 그럼 반대로 압력을 줄이면? 기체의 부피가 늘어난다.

과학이 별로 발달하지 않았던 예전에는 과학자들이 연구할 것들이 넘쳐났다. 공기가 무엇인지조차 제대로 몰랐던 시절이니까. 18세

기에 와서야 프랑스의 화학자 라부아지에(1743-1794)가 공기는 질소와 산소의 혼합물이라는 것을 알아냈을 지경이었으니, 그보다 100년도 더 이전 사람이었던 17세기 과학자 보일은 당연히 공기가 뭔지 몰랐다. 보일은 뉴턴, 혹(1635-1703, 중학교 과학시간에 스프링을 배우면서 들어보았던 혹의 법칙의 바로 그 혹이다)과 함께 영국왕립학회를 만든 인물이기도 하다. 한 마디로 당시에는 대단한 사람이었다. 하지만 공기가 뭔지는 몰랐다는 사실! 물론 뉴턴도 몰랐다! 만유인력의 법칙은 알아냈지만 공기가 무엇인지 몰랐다니 약간 당황스럽기는 하지만, 뉴턴은 물리학자였지 화학자가 아니었다고 하면 약간의 변명이 될지 모르겠다(하지만 뉴턴은 말년에 연금술에 빠졌었다).

백작 가문에서 태어난 로버트 보일은 돈에는 구애를 받지 않았다. 그는 마그데부르크의 반구 실험을 한 사람으로 유명한 게리케(1602-1686)의 책을 읽고 1659년에 공기 펌프, 지금 기준으로 말하면 진공 펌프를 제작했다. 이 과정에서 보일은 자신의 '과학 멘토'였던 로버트 혹의 도움을 많이 받았다. 보일은 이 펌프로 여러 가지 실험을 하여 기체에 관한 법칙을 발견하였다.

이제 그림이 무엇을 그린 것인지 알 것 같다. 1768년에 그려진 그림이므로, 이때는 18세기다. 보일 이후 진공 펌프는 많이 개량되었고, 무엇보다 그 숫자가 증가했을 것이다. 당연히 가격도 싸졌다. 「공기 펌프 속의 새에 대한 실험」은 자연철학자, 이른바 과학자가 진공 펌프에 새를 집어넣은 다음, 사람들 앞에서 보여주는 장면이다. 과연

18세기 영국 화가 조셉 라이트가 그린
「공기 펌프 속의 새에 대한 실험」(1768).
보일의 법칙에 따르면 기체는 압력이 증가하면 부피가 줄어들고
압력이 줄어들면 부피가 늘어난다.
그럼, 유리관 안에 갇힌 작은 새는 어떻게 될까?
공기 펌프의 공기를 빼내면 유리관 안의 새에게는 치명적인 결과가 될 것이다.

그는 무엇을 하고 있을까? 펌프의 용도는 간단하다. 공기를 빼내는 것이다. 공기가 빠지면 유리관 안에 갇힌 작은 새는 죽을 것이다. 그림 중간을 보면, 머리를 곱게 땋은 젊은 여자가 얼굴을 가리고 있다. 그녀는 새의 최후를 눈치 챘을까? 그 옆의 어린 소녀는 아무것도 모르는 천진난만한 눈으로 새를 바라보고 있다.

공기가 무엇인지를 18세기 들어서야 알아냈다는 사실이 참으로 놀랍다. 공기는 지구를 둘러싸고 있는 기체를 말한다. 흔히 대기라고도 한다. 질소가 78%, 산소가 21% 정도 되고, 나머지 1%는 다른 기체들로 되어 있다. 산소가 생각보다 많다. 하지만 지구에 살고 있는 생명체들의 거의 전부가 산소를 필요로 한다는 사실을 생각하면 오히려 질소가 왜 이렇게 많은지에 대해 의문을 품어야 할 듯하다. 질소는 우리가 날마다 마시고 내뱉는 기체다. 설마 공기를 들이마시면서 질소는 빼고 산소만 걸러서 마신다고 알고 있는 것은 아니었으리라 믿는다.

질소는 무색, 무미, 무취의 기체이다. 만약 질소가 냄새가 났다면 어땠을까? 상당히 난감했을 것이다. 질소는 독성이 없으며 인체와 아무런 반응을 하지 않는다. 이게 문제다. 질소를 아무리 호흡해도 생명 유지에 아무런 도움이 되지 않기 때문에, 질소가 고농도인 밀폐된 공간에 들어간다면? 상대적으로 산소 농도가 낮으므로 질식할 수도 있다.

질소(窒素)의 '질'이라는 글자는 질식의 '질(窒)' 자이다. 질소는

공기 펌프를 묘사한 그림(프랑스 조각가 샤를 코생의 작품)으로,
여자가 발 펌프로 공기를 빼낼 때 진공 병에서 새가 죽어가는 것을
볼 수 있다.

마그데부르크의 반구 실험

마그데부르크시의 시장이었던 게리케가 한 실험으로, 두 개의 반구를 붙인 다음, 반구 속의 공기를 펌프로 제거한다. 그런 다음 말 16마리로 양쪽에서 끌어도 반구를 떼어낼 수 없었다. 그러나 마개를 열어 반구 속에 공기를 넣자 바로 떨어졌다. 이것으로 공기의 압력과 진공의 존재가 확실해졌다. 우리는 여기서 간단한 몇 가지 수식을 이용하여 이 실험에 대하여 검증해볼 수 있다. 게리케가 제작한 반구의 지름이 40센티미터라고 한다. 그러므로 반지름은 0.2미터가 된다. 주의해야 할 점이 있다. 압력은 단위면적당 힘이다. 즉 압력 곱하기 면적이 총 힘이 된다.

반구 전체의 표면적 : $(4\pi \times 0.2 \times 0.2) \approx 0.5$제곱미터
반구 전체에 미치는 대기의 힘(1기압 = 101,325 파스칼) : $0.5 \times 101,325 \approx$ 50,663뉴턴

여기에서 반구를 끌어당기는 말의 힘의 작용 방향이 수평이다. 그러므로 대기압의 수평 성분만 구하여 전부 더하면 된다. 반구에 미치는 대기압이 수평 방향

마그데부르크의 반구 실험.

일 때는 수평 성분이 1기압이지만, 대기압이 수직 방향(반구의 꼭대기에 작용하는 힘)일 때는 수평 성분이 0이 된다. 그러므로 말이 느끼는 힘을 구하면, 반구 전체에 미치는 대기의 힘의 절반으로 줄어든다(물리학적으로 정확히 하려면 상당히 복잡하기 때문에 근사적으로 한다). 아울러 한쪽 말은 반구의 절반에 해당하는 힘을 당기면 되므로, 다시 힘은 1/4로 줄어든다.

최종 힘 : 50,663÷4 ≈ 12,666뉴턴

와트는 마력의 개념을 제시하면서, 말 한 마리가 끄는 힘을 약 82킬로그램 정도로 계산하였다(정확히는 힘이므로 82킬로그램중으로 해야 한다). 그러므로 말의 힘은 820뉴턴(1킬로그램중은 약 10뉴턴)이 된다. 최종 힘을 말의 힘으로 나누면 12,666÷820 ≈ 15가 나온다. 즉 한쪽 반구를 말 15마리가 끌어야 하고, 양쪽에서는 말 30마리가 끌어야 반구가 분리될 수 있다(사용된 숫자에 오차가 있고, 근사를 하였으므로 정확한 값은 아니다).

프랑스의 화학자 라부아지에가 1789년에 발견했다. 라부아지에는 공기를 태워 산소를 전부 없앤 다음, 남은 기체를 동물에게 주었다. 그리고 그 결과는? 실험동물이 죽었다. 그래서 '호흡할 수 없는 기체'라고 불렀다. 그래서 질소는 질식의 질자를 따서 이름이 붙여졌다. 요즘 과자 봉지에 질소를 주입하는 이유 역시 산소를 없애서 미생물의 번식을 막기 위해서이다. 미생물조차 질식해버리나? 요새는 질소를 사러 가는 사람이 많다. 덤으로 과자도 얻어 오기는 하지만. 어쨌든 질소는 인체에 아무런 도움이 되지 않지만, 아주 중요한 원소이다.

생명체를 구성하는 네 가지 기본 원소가 있다. 탄소, 산소, 수소, 질소가 그것이다. 탄소, 수소, 산소로 된 물질을 탄수화물(carbohydrate, 炭水化物)이라 한다. 탄수화물은 탄소가 수화되었다는 뜻이다. 수소와 산소가 합치면 물이니까. 그리고 질소가 함께 있는 물질은 단백질(protein, 蛋白質)이다. 프로틴은 그리스어로 '중요한 것'에서 유래했고, 단백질은 독일어로 '흰자 물질'을 번역한 것이다. 단백질에서 '단(蛋)'은 새알이라는 뜻이다. 그러니 질소가 생명체에 얼마나 중요한 원소인지 알 수 있다. 비료 역시 질소 비료가 가장 기본이다. 식물도 질소를 필요로 하지만, 동물과 사람 역시 질소를 필요로 한다. 그러나 공기의 거의 80%를 차지하고 있는 질소를 이용할 수 있는 생명체는 별로 없다.

DNA를 이루는 가장 기본인 4가지 핵산 역시 질소가 들어 있다.

핵산과 아미노산에 질소가 필요하며, 아미노산에서 단백질이 만들어지고, 생명체의 몸이 만들어진다. 그런데 공기 중의 질소를 식물이 이용할 수 있는 암모니아로 바꿀 수 있는 생물이 있다. 일명 질소고정 박테리아인 뿌리혹박테리아는 아주 쉽게 질소를 암모니아로 바꿀 수 있다. 뿌리혹박테리아는 콩과 식물의 뿌리에 뿌리혹을 만들어 공생한다. 박테리아는 콩에 질소화합물을 공급하고, 콩은 박테리아에 단백질 등을 공급한다. 하지만 대부분의 식물, 동물과 인간은 그렇게 하지 못한다. 그래서 우리는 식물을 재배할 때, 질소가 들어 있는 유기물을 비료로 사용한다. 질소가 많을수록 식물도 잘 자라기 때문이다. 이런 식물을 초식동물이 먹고, 초식동물을 육식동물이 먹으면서 자연에서는 질소가 순환한다.

산업혁명이 일어나면서 인구는 늘어나는데 식량 생산량은 그 비율만큼 증가하지 않았다. 인류는 굶어죽느냐 마느냐의 기로에 서게 되었다. 모두가 풍족하게 먹으려면 다량의 비료가 필요하다. 이제 누가 공기 중의 질소를 이용 가능한 질소화합물로 바꾸는 방법을 알아내느냐가 최고의 관심사가 되었다. 1913년 독일의 프리츠 하버(1868-1934)와 카를 보슈(1874-1940)가 암모니아 대량 생산 방법을 고안해냈다. 일명 하버-보슈법이다. 약 300기압과 200~300도 정도의 고온 고압이 필요하다. 결과적으로 인류는 굶주림에서 어느 정도 해방되었다. 하지만 인간은 이렇게 해야만 하는데, 뿌리혹박테리아는 아주 쉽게 이 일을 해낸다. 대단한 미생물이다.

프랑스의 과학자 드니 파팽과 아일랜드 화학자 로버트 보일(오른쪽)이
1657년 공기 펌프 실험에 대하여 의논하는 장면을 그린 판화.

어쨌든 하버는 이 공로로 1918년 노벨 화학상을 수상했다(보슈는 1931년 노벨 화학상 수상). 그러나 아쉽게도 제1차 세계대전 때 염소가스를 비롯한 여러 종류의 독가스를 만들어내어 '화학 무기의 아버지'라는 불명예스러운 이름도 함께 가지고 있다. 하버는 유대인이라는 이유로 나치에 의해 추방되었고 나중에 스위스에서 사망했다. 나치가 집단 수용소에서 사용한 독가스 중 하나가 치클론 B(Zyklon B)인데, 하버 등 독일 과학자들이 만들었다. 역사의 아이러니다. 참고로, 치클론 B는 원래 살충제로 개발되었는데 나치는 이것을 홀로코스트에 써먹었다. 꾸준한 수요가 있어 지금도 생산 중이다. 물론 현재는 살충제로만 쓰인다. 사용법이 간편하고 효과 또한 최고라고 한다.

1958년 마오쩌둥은 대약진운동을 전개했다. 중국 사회를 개조하려는 시도였다. 그러나 식량 부족으로 거의 3,000만 명이 굶어 죽었고, 이 실패를 덮기 위하여 문화대혁명이 일어났다. 중국 인민들에게는 엎친 데 덮친 격이 되었다. 중국은 결국 전통적인 농업 생산 방법으로 돌아갔다. 그러나 이번에는 인구 증가가 따랐다. 아무리 식량을 생산해도 사람의 입을 따라갈 수가 없었다. 이것을 해결한 것은 닉슨이 중국을 방문한 1972년부터이다. 중국에 하버-보슈법에 의한 질소 비료 생산 공장을 짓는 것이었다(13개를 지었다고 한다). 식량 생산은 엄청나게 늘었고 이제 중국인들은 비만과 싸우고 있다.

질소의 피해로는 잠수부들이나 해녀가 걸릴 수 있는 잠수병이 있다. 깊이 잠수를 하면 수압이 높아서 숨 쉬는 공기 중의 질소가 혈액

속으로 녹아 들어간다(기체는 압력이 높으면 액체에 잘 녹아 들어간다). 몸이 받는 압력을 천천히 줄이면서 물 밖으로 나오면 질소가 혈액 밖으로 다시 나오지만, 갑자기 물 밖으로 나오면 질소가 혈관 속에서 끓어오른다. 이 질소 기포들이 모세혈관을 막아 혈액이 순환할 수 없게 되어 몸을 완전히 망가뜨리게 된다. 잠수병은 무서운 병이다. 호흡계뿐만 아니라 림프계, 근골계, 중추신경계까지 영향을 미치며 두통, 관절통에서부터 신경계 손상으로 인한 운동 및 언어 장애까지 생길 수 있다.

질소를 많이 쓰는 경우는 저온 실험이나 저온 공정이 필요할 때다. 질소는 쉽게 액체로 만들 수 있기 때문에 많이 사용된다. 액체 질소의 온도는 외우기 쉽다. 77K(칠칠케이). 여기서 K는 절대온도. 아마 절대 잊어버리지 않을 것이다. 질소가 지구를 감싸고 있기 때문에 지구의 대기는 여기서 살아가는 생명체들에게 아무런 영향도 주지 않는다. 참으로 신기한 일이다.

산소는 1774년 영국의 조지프 프리스틀리(1733-1804)가 발견하였다. 라부아지에보다 조금 빨랐다. 하지만 '산소'라고 이름 붙인 사람은 라부아지에다. 인체는 산소를 공급받지 못하면 5분 정도 만에 뇌사 상태에 빠지고 8분 정도면 사망에 이른다. 산소는 대부분 식물의 광합성으로 만들어진다. 무려 4분의 3을 해양 식물들이 만든다. 육상 식물들이 만드는 것은 4분의 1에 불과하다. 아마존 밀림이 해마다 줄어들고 있다고 한다. '지구의 허파'가 파괴되고 있다고 한다. 틀렸다! 바다가 오염되어버리면, 해양 식물들이 사라지면, 육상 식물들이 아무리 열심히 광합성을 해도 지구의 산소는 부족하게 된다. 그때가 오면 인간이라는 종의 최후는 8분 정도면 결정된다. 이제 우리에게 바다가 얼마나 소중한지 알 것이다.

5. 1,400년을 지배한
프톨레마이오스 체계, 무너지다

- 「천문학자 코페르니쿠스 - 신과의 대화」가 나타낸 코페르니쿠스의 우주론과 지동설

낮에 하늘을 보면 분명히 해가 움직이고 있다. 못 느끼겠다면 그 자리에서 1시간만 가만히 있어 보면 해가 약 15도 정도 자리를 옮겨 가는 것을 두 눈으로 확인할 수 있다. 그러니 옛날 사람들이 천동설을 믿었던 것은 당연했고, 아리스토텔레스나 프톨레마이오스(83?-168?) 역시 그랬다. 사람들은 이때부터 천동설을 진리로 받아들였고, 이것은 무려 1,400년이나 지속된다. 15세기 후반이 되어서야 니콜라우스 코페르니쿠스(1473-1543)가 태어났기 때문이다. 그가 태어난 곳은 폴란드이고 그의 모국어는 독일어(그가 태어난 지방이 지금은 폴란드지만 당시는 독일이었다)이다. 코페르니쿠스는 폴란드어, 독일어, 라틴어, 그리스어, 이탈리아어를 모두 구사할 수 있었다고 한다. 그의 직업은 신부, 그것도 지위가 아주 높은 신부였다. 코페르니쿠스는 임시 대주교의 자

중세 시대 프톨레마이오스의 우주를 그린 그림이다. 중앙의 지구를 중심으로 달, 수성, 금성, 태양, 화성, 목성, 토성 순으로 돌고 있다.

리까지 올라갔고 1510년에 지동설에 관한 짧은 해설서를 필사본으로 발표한다.

1533년에 지동설은 교황 클레멘스 7세(재위 1523-1534)에게까지 전해지고, 1536년 카푸아의 대주교 폰 쇤베르크(1472-1537)는 코페르니쿠스에게 책의 출판을 독려하는 편지까지 보낸다. 1542년 루터파 신학자 오시안데르의 감독 아래 출판 작업이 진행되었는데, 마르틴 루터가 기독경에 나오는 여호수아(기원전 12세기 인물로 추정, 여호수아라는 인명이 예수라는 인명의 원형이다)가 태양을 멈춘 내용(여호수아 10장)을 들어, "여호수아가 지구를 멈추라고 한 것이 아니라 태양을 멈추라고 명령한 것이기에 나는 기독경을 믿는다."라는 말을 하며 지동설을 맹비난했다.

결국 오시안데르는 책의 서문에 "계산상의 편의를 위한 추상적인 가설"이라는 문구를, 코페르니쿠스 동의 없이 살짝 끼워 넣었다. 이런 우여곡절 끝에 1543년 『천체의 회전에 관하여』가 출판됨으로써 마침내 지동설은 세상 밖으로 나왔고, 일흔 살의 코페르니쿠스는 자신의 가설이 세상을 얼마나 발칵 뒤집어놓을지 모른 채, 책이 나온 그해에 세상을 떠났다(일설에 의하면 임종의 자리에서 책을 손에 쥐어보았다고 한다). 지동설에 의해 지구는 우주의 중심에서 우주에 무수히 널려 있는 흔하디흔한 항성 중 하나에 불과한 태양이라는 별의 주위를 돌고 있는 촌동네 행성으로 지위가 격하되었다. 그러나 이것이 진리다. 그래서 오늘날에는 이런 엄청난 변화에 대하여 '코페르니쿠스적 전환'이라는 이름까지 붙였다.

물론 엄밀히 말하면 코페르니쿠스의 지동설에는 틀린 부분이 많다. 가장 큰 문제는 행성들의 궤도를 원형으로 했다는 점이다. 코페르니쿠스 사후 68년 뒤에 요하네스 케플러(1571-1630)가 나와서 행성들의 궤도가 타원이라고 수정한다(『신천문학』, 1611년). 또한 코페르니쿠스는 여전히 '천구'라는 개념을 사용하였다. 이것은 지구와 달 그리고 태양계의 행성들이 천구라는 틀에 박힌 채 태양의 주위를 돌고 있다는 뜻이다. 천구라는 개념은 어린 학생들에게 설명하기 위한 것일 뿐, 실제로는 없다는 사실을, 오늘날의 우리는 잘 알고 있다. 하지만 1,400년 동안이나 신성불가침이었던 프톨레마이오스 체계를 부수어 버린 코페르니쿠스야말로, 화가의 눈에는 신과 대화를 나눈 이로 비쳤음이 틀림없다. 게다가 그의 직업은 신부였다. 신부라는 직업은 날마다 신과 대화를 나누는 직업이지 않는가?

70~71쪽 그림은 폴란드 화가 얀 마테이코(1838-1893)가 그린 코페르니쿠스다. 제목은 「천문학자 코페르니쿠스-신과의 대화」(1871)이다. 신과의 대화라니, 참으로 멋지지 않은가? 그림을 보면 배경에 커다란 첨탑이 보인다. 폴란드 프롬보크에 있는 가톨릭교회(프롬보크 대성당)로서, 14세기에 지어졌다. 코페르니쿠스는 이 교회의 참사회 회원이었으며 여기서 『천체의 회전에 관하여』를 집필하고 책이 출판된 1543년 여기서 사망했다. 참고로, 그림 속의 장소는 허구이며, 코페르니쿠스가 관측을 했던 정확한 위치는 오늘날까지 밝혀지지 않았다. 아울러 그림 속 코페르니쿠스 모델이 된 이는 마테이코의 조카일 것이라고 추측하고 있다.

『천체의 회전에 관하여』는 너무 전문적이라 초판 400부도 다 팔리지 않았다고 한다. 개신교는 처음부터 지동설에 반대하였으나 가톨릭은 17세기에 금서로 지정했다가 18세기에 해제한다. 대성당은 여러 개의 건물들로 이루어져 있으며, 코페르니쿠스는 그중 한 건물의 꼭

폴란드 화가 얀 마테이코가 그린
「천문학자 코페르니쿠스-신과의 대화」.

대기에 올라 하늘을 바라보고 있다. 책과 과학 도구들이 널려 있는 가운데, 그의 뒤에 그림 한 장이 있고, 거기에 태양계의 구조가 보인다. 궤도가 원형이다. 신은 그에게 타원이라는 것까지는 가르쳐주지 않은 모양이다. 케플러의 몫으로 남겨두었을까?

우리는 지구라고 이름 붙인 행성에 살고 있다. 그리고 지구는 태양이라는 별(항성) 근처에 있다. 지구는 형제 행성들이 7개나 있다. 태양에 가까운 순서대로 하면, 수성, 금성, 지구, 화성은 고체로 된 행성이고 목성, 토성, 천왕성, 해왕성은 기체로 된 행성이다. 기체형 행성의 표면에는 착륙할 수 없다. 착륙을 시도한다면 행성 속으로 쑥 들어가버릴 것이다. 이런 행성의 더 깊은 곳은 액체일 것이고, 가장 깊은 곳에는 고체 핵이 있을 것이다. 8개의 행성들은 태양의 주위를 공전하는데, 공전 궤도는 원형이 아니라 타원형이다(케플러 제1법칙: 행성의 궤도는 타원이고, 태양은 타원의 두 초점 중 하나에 위치한다). 행성들은 자신의 주위를 도는 위성을 가지고 있는 경우도 있다. 지구 역시 달이라는 하나의 위성을 가지고 있다(위성을 영어로 moon이라 한다).

태양과 가까이 있으면서 하나의 가족처럼 움직이는 행성들, 위성들 그리고 소행성 같은 작은 물체들을 포함하여 태양계라 부른다. 태양계는 우리은하(Our Galaxy)에 속해 있다. 우리은하에는 그야말로 활활 타오르는 불덩어리인 수천 억 개의 별들(4,000억 개 정도 있다고 하며, 우리는 우리은하의 부분인 은하수를 볼 수 있다)이 있고, 그중 하나가 태양이다. 태양은 우리은하에서조차 특별할 것이 없는 아주아주 평범한 별에 불과한 것이다. 우리은하와 같은 별들의 집단인 또 다른 은하들이 수천 억 개나 있으며, 이 공간을 우리는 우주라고 부른다. 우주의 뜻은 '집'이다.

우리은하와 가장 가까운 이웃 은하는 안드로메다은하다. 안드로메다 별자리 쪽에 보이기 때문에 이런 이름이 붙었다. 예전에는 우리은하가 더 크다고 생각했으나 관측 결과 안드로메다은하는 우리은하보다 2배 정도 크고 약 1조 개의 별로 이루어져 있다고 한다. 거리는 250만 광년 떨어져 있다. 그러나 그리 멀지는 않다. '개념'이라는 녀석은 혼자서도 휭하니 잘 가니까.

6. 갈릴레이가
베니스 총독에게 달려간 이유는?

- 근대 천문학을 탄생시킨 결정적인 도구, 망원경을 둘러싼 해프닝

한눈에 보기에도 고급스러운 하얀 카디건 비슷한 것을 걸치고 의자에 앉아 있는 한 사람 뒤에 마치 보좌하는 것처럼 몇몇 사람이 서 있다. 탁자를 덮고 있는 파란 천 역시 수놓아져 있는 무늬로 보건데 대단히 고급이며, 그 옆에 지구본이 놓여 있는 것으로 보아, 이 집의 주인은 세계의 다른 지역도 알고 있어야 하는 사람임을 짐작할 수 있다. 빨간 수염을 기른 한 남자가 의자에 앉아 있는 신분이 높아 보이는 사람을 지그시 쳐다보고 있다. 의자의 남자가 눈에 대고 있는 것은 얼핏 보아도 망원경이다. 여기는 베네치아(베니스)의 생 마르크 종탑 건물이며, 장소는 종탑 꼭대기이다. 의자에 앉아 있는 사람은 베니스 총독인 레오나르도 도나토(1536-1612)이며, 주위 인물들은 베니스 원로원 의원들이다. 빨간 수염의 갈릴레오 갈릴레이(1564-1642)가

갈릴레이가 베니스 총독에게 망원경 사용법을 보여주는 장면을 그린 프레스코화. 망원경으로 신세계를 경험한 총독은 갈릴레이에게 파두아 대학 교수 자리를 평생 보장해주고 연봉도 올려주는 등, 후원을 아끼지 않았다.

베니스의 총독에게 망원경 사용법을 보여주는 장면이다.

앞의 그림은 이탈리아의 화가 주세페 베르티니(1825-1898)가 그린 프레스코화다. 프레스코화는 덜 마른 회반죽벽에 물에 갠 안료로 그린 벽화를 말한다. 회반죽이 굳어감에 따라 물감도 벽으로 스며들어가, 벽을 허물지 않는 한 그림도 벽과 함께 거의 영원히 존재할 수 있다. 종이에 그린 그림을 물에 빠뜨리면 그림 자체가 망가지지만, 프레스코는 비가 와도 끄떡없다. 단점이 있다면, 반죽이 굳어버리면 더 이상 그림을 그릴 수 없으므로, 재빨리 그려야 하며, 잘못 터치한 부분을 수정하는 것 역시 대단히 어렵다는 점이다. 그러므로 실력이 출중한 화가들만이 이런 프레스코를 그릴 수 있었다. 굳이 또 하나의 단점을 고르라면, 벽이 깨지면 그림도 같이 깨진다는 점. 그러나 아시아 지역에서는 벽화를 그릴 때 마른 석고 위에 그렸다. 문화적 차이다.

갈릴레이는 피사 출신인데 어떻게 베니스까지 갈 수 있었을까? 그리고 어떻게 총독을 만날 수 있었을까?

갈릴레이는 피사의 귀족 집안에서 태어났으나, 가세가 기울어 아버지 빈첸조 때는 상당히 힘들었다. 그래서 갈릴레이는 집안을 책임져야 하는 입장에 있었고, 가족들도 그에게 의존하였다. 집안 형편 때문에 갈릴레이는 피사대학 의학부를 중도에 그만두게 된다. 비록 학위는 받지 못했으나 갈릴레이는 피사대학의 수학 교수 자리를 얻었다. 그런데, 메디치 가문이 항구 개량 공사를 하는데 사용할 기계가 엉터리라고 갈릴레이는 비판하였고, 이 일로 인해 대학교수 자리의 재계약에 실패하고 만다. 한마디로 미운털이 박힌 것이다. 아버지의 사망과 여동생의 결혼으로 거의 빈털터리가 된 갈릴레이는 어떻게든 자리를 잡아야만 했다. 갈릴레이는 친구였던 델 몬테 후작을 통해 파올로 사르피(베니스의 정치인), 델 몬테로(베니스 공화국의 군사령관), 잔빈첸치오 피넬리(파두아에 살고 있는 귀족이자 지식인)를 소개받았다. 그리고, 갈릴레이는 총력을 다해 파두아 대학 교수 자리를 따내게 된다. 1592년이었다.

시간이 흘러 1609년, 네덜란드의 리페르세이라는 사람이 망원경을 만들었다는 소문이 파두아까지 들려왔다. 갈릴레이는 이 소식을 들었을 뿐만 아니라 더 놀랄 만한 소식도 함께 들었다. 리페르세이가 베니스에서 자신의 발명품을 소개할 계획으로, 파두아에 왔다는 것이다. 갈릴레이는 리페르세이를 만나려고 했으나, 리페르세이는 이미 베니스로 떠난 뒤였다. 갈릴레이는 서둘러 베니스로 돌아와 파올로 사르피를 만나서 이 사태의 해결을 모색했다. 갈릴레이는 리페르세이의 사업을 자신이 차지하고 싶었던 것이다. 리페르세이를 따돌리고 갈릴레이가 망원경을 가지고 베니스 총독을 만나는 작전이 수립되었다. 사르피는 리페르세이의 접견을 최대한 늦추는 일을 하고, 그동안 갈릴레이는 망원경을 만들기로 한 것이다.

갈릴레이는 광학에 대해서는 몰랐지만, 천재적인 직관으로 하루만에 망원경을 만들어냈다. 게다가 총독의 바쁜 일정으로 인하여 망원경 시연이 2주나 미뤄지는 바람에 갈릴레이는 시간을 벌었다. 더 좋은 제품이 나온 것은 당연하다. 파올로의 주선으로 갈릴레이는 베니스 총독에게 망원경을 소개할 수 있었다. 그런데 망원경 시연이 그냥 시연으로만 끝난 것은 아니었다. 망원경에 크게 감동한 총독은 통 크게도 갈릴레이에게 파두아 대학 종신 재직권에 더하여 연봉도 1,000크라운으로 올려주었다. 갈릴레이의 작전은 성공하였으나 마냥 기쁘지만은 않았다. 평생 파두아 대학에 묶여 있어야 했기 때문이었다. 그래서 갈릴레이는 딴마음을 먹게 된다.

갈릴레이는 메디치 가문과 불화는 있었으나 연을 끊은 것은 아니었다. 1608년 천연 자석을 메디치 가문에 소개하였으며, 페르디난도 1세의 부인은 여기에 감명을 받아 갈릴레이에게 자신의 아들 코시모의 수업을 맡긴다. 이후 갈릴레이는 자신이 직접 망원경을 개선하여 천체 관측에 사용하였으며 1610년 목성의 위성 4개를 발견했다. 갈릴레이는 『별들의 소식』을 출간하면서 코시모 대공에게 헌정했다. 아울러 4개의 별에 대공과 형제들의 이름을 붙이기를 간청하였다[이것이 메디션 스타즈(Medicean Stars)이다]. 이 작전 역시 성공하였으며, 갈릴레이는 토스카나 대공의 최고 수학자 겸 철학자가 되었다. 이것을 전혀 예상 못한 베니스의 후원자들은 뒤통수를 맞았고, 이미 유명인사가 된 갈릴레이는 홀가분한 마음으로 베니스를 떠났다. 같은 해에 천문학자 시몬 마리우스(1573-1625)도 독자적으로 갈릴레이 위성을 발견했으며 이오, 유로파, 가니메데, 칼리스토라는 이름은 케플러가 제안하여 그가 붙인 것이다. 이 4개의 위성은 지금은 '메디션 스타즈'로 불리지 않고, '갈릴레이 위성'으로 불린다. 2020년까지 목성의 위성은 79개가 발견되었다. 목성 궤도에 진입하여 목성을 공전한 최초의 탐사선 이름도 〈갈릴레오〉다. 갈릴레이는 이탈리아 피사(피사의 사탑이 있는 바로 그 도시)에서 태어났는데, 당시 피사는 토스카나 지방의 플로렌스(피렌체) 공국에 속해 있었다. 지금 피렌체는 토스카나 주의 주도이다. 갈릴레이가 성이고 갈릴레오가 이름인데, 두 단어가 비슷하다. 그 이유는 당시 이탈리아 토스카나 지방에서는 장자의 이름을 부모의 성을 따서 짓는 관습이 있었기 때문이라고 한다.

기록에 따르면 망원경은 1608년에 네덜란드의 한스 리페르세이(1570-1619)가 만들었다고 한다. 한스는 안경기술자이자 제작자였는데, 볼록렌즈와 오목렌즈를 이용하여 먼 곳의 물체를 가깝게 볼 수 있다는 사실을 우연히(!) 발견했다고 한다. 일설에 의하면 가게에서 두 아이들이 렌즈를 가지고 놀면서 멀리 있는 풍향계를 가까이 보는 것을 보고 알았다고도 하고, 다른 설로는 그의 직원이 발견했다고도 한다. 어쨌든 리페르세이는 망원경에 대한 특허를 신청했는데, 다른 사람들 여러 명이 비슷한 기구를 가지고 와서 동일한 특허를 신청하는 바람에 특허권을 얻지는 못했다. 하지만 네덜란드 정부는 그의 디자인에 상당한 보상을 해주었다고 한다.

갈릴레이는 아리스토텔레스가 저지른 치명적인 실수인, 무거운 물체가 가벼운 물체보다 먼저 땅에 떨어진다는 얼토당토않은 물리 이론을 수정하였다. 무거운 물체와 가벼운 물체, 모든 물체는 질량에 상관없이 똑같은 높이에서 떨어뜨리면 똑같은 시간 후에 지상에 떨어진다. 얼핏 생각하면 참으로 이상하지만, 조금만 더 생각해보면 이것이 참으로 타당하다는 것을 금방 깨달을 수 있다. 2킬로그램 쇠공보다 1킬로그램 쇠공이 늦게 떨어진다고 하자. 그다음 2킬로그램 쇠공을 정확히 반으로 나누자. 이제 1킬로그램으로 질량이 같아진 세 개의 쇠공을 동시에 떨어뜨리자. 그러면 3개의 1킬로그램 쇠공이 똑같이 떨어지게 되고, 그렇다면 쇠공을 반으로 나누면, 즉 질량이 작아지면 더 늦게 지면에 떨어진다는 말이 된다. 이제 쇠공을 계속 반으로 나누어보자. 그러면 쇠공은 점점 질량이 작아지게 되고, 점점 더 늦게 지면에 떨어지게 된다. 그렇다면 언젠가는 지면에 떨어지지 않게 될 것이 아닌가? 즉 처음의 가정이 잘못되었다! 물체는 그것의 질량에 관계 없이 똑같이 떨어진다.

또한 갈릴레이는 코페르니쿠스의 지동설을 지지하였고, 이것 때문에 교황청으로부터 종교재판을 받게 되었다. 그는 자신의 잘못을 시인하였으나 가택 연금에 처해졌다. 지동설에 대한 입장은 로마 가톨릭이나 개신교나 별반 다르지 않았다. 앞에서도 말했듯이 개신교를 처음 연 루터 역시 기독경 구절을 근거로 갈릴레이를 비난했다. 루터는 코페르니쿠스조차 "벼락출세한 점쟁이"라고 불렀다.

17세기 지도 제작자였던 안드레이스 셀라리우스가 그린 「망원경을 들여다보는 천문학자들」.

갈릴레이는 평생 결혼을 하지 않았으나, 마리나 감바(1570-1612)와의 사이에 3명의 자식을 두었다. 딸 둘과 아들 하나. 마리나 감바는 베니스에서 만난 여인이다. 둘은 거의 10년 동안 동거를 하였으나 결혼은 하지 않았다. 17세기에는 학자들이 결혼을 하지 않는 관습이 있었다고 한다.

갈릴레이는 파두아를 떠나 피렌체로 이주하면서 두 딸은 데려갔으나 동거녀와 아들은 두고 갔다. 그 후 갈릴레이는 딸들이 사생아여서 결혼불가라는 판단을 하고(당시 관습으로 사생아인 여자는 결혼할 수 없었다)

두 딸을 수녀원에 보냈다. 아들은 나중에 정식 아들로 인정되었다고 한다. 왜 결혼을 하지 않았는지는 아무도 모르나, 당시 대학교수라는 사회적 위치와 베네치아 귀족들과의 관계가 그렇게 만들었다고 한다. 현대 과학사에서 갈릴레이는 거의 '과학의 아버지' 격이다. 하지만 이 아버지는 왜 사생아만 낳았을까?

망원경은 근대 천문학을 탄생시킨 결정적인 도구였다. 멀리 있어서 볼 수 없는 것을 보게 해주는 거의 마법과도 같은 도구는 뱃사람들의 항해에 요긴하게 쓰이기 시작하더니, 결국은 전쟁에도 아주 요긴하게 쓰이게 되었다. 두 눈으로 동시에 볼 수 있는 쌍안경도 나왔다. 이것이 20세기에 일어난 두 번의 세계대전을 지배하였다. 눈으로 보지 않고는 도저히 싸울 수 없는 시대가 된 것이다. 그리고 제2차 세계대전 말기에 인간은 드디어 눈으로 보지 않고도 볼 수 있는 또 하나의 놀라운 도구를 만들어내었다. 무선 통신 기술을 응용한 도구, 바로 레이더다.

레이더는 망원경에 의존하던 전쟁 기술을 획기적으로 변화시켰고, 현재는 레이더를 무력화시키는 스텔스 기술까지 나와 있다. 하지만 이 모든 도구들보다 한 차원 높은 도구가 있다. 인공위성이다. 하늘 높이, 거의 우주에 떠서 지구를 내려다볼 수 있는 인공위성은 우리에게 내비게이션 시스템이라는 아주 편리한 기능을 제공하기도 하지만, 그 본질은 감시에 있다. 어디에 있든지 볼 수 있는 '하늘의 눈'. 땅 속이나 건물 속으로 숨지 않는 한, 어느 누구도 이 눈을 피해갈 수 없다. 그러나 건물 속에 있어도 적외선으로 보면 인간은 36.5도라는 따끈따끈한 열원이므로 빨간색으로 선명하게 화면에 모습이 드러난다. 이제 누구도 이 눈을 피할 수 없다.

7. 연금술사,
금을 원했으나 인을 얻다

- 연금술에서 입자가속기까지, 황금알을 낳는 과학적인 방법에 대하여

금이라는 원소는 참으로 독특하고 불가사의한 존재다. 원자번호 79번인 금은 원소 기호가 Au인데, 이 기호는 라틴어의 아우룸(Aurum)에서 따왔다. 노란색 광택을 띤 무른 금속이다. 금은 녹이 슬지 않고 산에도 녹지 않기 때문에 거의 영원히 존재하는 금속이다. 물론, 진한 염산과 진한 질산을 3:1로 섞은 왕수(王水, 이름조차 왕의 물이다)에는 녹지만 말이다. 이처럼 불가사의한 금의 매력에 빠진 수많은 사람들이 인공적으로 그것을 만들어내려는 노력에 평생을 바쳤다. 철학자의 돌, 마법사의 돌 또는 현자의 돌이라고 부르는, 무엇인지 모르는 물체는 값싼 금속을 금으로 바꿀 수 있는 능력을 가졌다고 한다. 그래서 과거 연금술의 최종 목적은 철학자의 돌을 찾아내거나 만드는 것이었다. 아이작 뉴턴조차 연금술에 매달렸을 정도이니, 옛날 과학자

18세기 영국 화가 조셉 라이트가 그린 「철학자의 돌을 찾으려는 연금술사 인을 발견하고, 그의 실험의 성공적인 결말을 기원하다」(1771). 연금술사가 뭔가를 발견한 순간을 극적인 명암의 대비로 묘사했다.

들의 금을 향한 열망을 짐작하고도 남음이 있다.

연금술은 고대로부터 세계 곳곳에 있었다. 메소포타미아, 페르시아, 이집트뿐만 아니라, 인도, 중국 등 동양에서도 중세를 넘어 근대 초기까지 유행하였다. 고대 그리스 로마 문명, 이슬람 문명에서도 연금술은 연구되었으며, 이 내용들은 유럽에 전해져 19세기까지 내려온다. 연금술을 영어로 앨케미(Alchemy)라고 하는데 여기에서 화학(케미스트리Chemistry)이 나왔다. 연금술을 연구하기 위해서는 재료와 이 재료들을 변환시킬 수 있는 장치들이 필요하다. 그 결과 원래 의도했던 금은 만들지 못했으나 부수적으로 다양한 원소들과 화합물들이 발견되고 합성되었다. 뿐만 아니라 재료들을 담는 갖가지 모양의 시험관에서부터 가열하고 추출하고 분석하는 다양한 도구들과 방법이 탄생하였고, 그 결과 연금술은 근대 과학을 넘어 현대 화학으로 발전하였다.

옛날 사람들은 왜 연금술에 빠졌을까? 그것은 원소가 변환될 수 있다는 믿음이 있어서였다. 상대적으로 저렴한 납이나 구리 같은 금속을 가지고 아주 비싸고 귀한 금을 만들 수 있다는 신념이 있었다. 이 신념은 근대 과학이 발전하면서 불가능한 것으로 밝혀졌다. 그런데 연금술로부터 이어져내려온 현대 과학, 특히 물리학에서는 금이 아닌 원소를 금으로 바꾸는 것이 가능하다는 것을 알아냈고, 성공하였다. 옛날 사람들의 믿음이 아주 틀린 것만도 아니다.

중세 유럽은 그야말로 암흑기였다. 그리고 이때 이슬람 세계는 과

17세기 벨기에 화가인 다비트 테니르스 2세가 그린 「연금술사」.

학이 발전했다. 고대 과학은 아시아, 유럽, 이슬람 세계에서 모두 시
작되었으나 중세로 넘어오면서 아시아는 철학적으로 변했고 유럽은
종교적으로 변했다. 오직 이슬람만이 과학을 과학으로서 연구하였
다. 우리나라만 보아도, 철학에 대하여는 수많은 학자들이 있지만(기
본적으로 선비 계층은 모두 철학자였다) 과학자들은 손으로 꼽을 정도다. 이슬
람의 과학이 유럽으로 건너가고 이것을 받아들인 유럽에서 마침내
근대 과학이 꽃을 피운다.

서양 연금술의 가장 기본이 되는 책은 6세기에서 8세기 무렵에 아라비아어로 쓰인 『타불라 스마라그디나(Tabula Smaragdina)』로서, 연금술사 헤르메스 트리스메기스토스(그리스 신 헤르메스와 이집트 신 토트가 혼합된 신적인 존재)가 쓴 책이라고 한다. 하지만 신은 책을 쓸 수 없으므로, 아랍의 연금술사들이 기록한 문서이다. 이 책은 12세기에 유럽으로 전해져 라틴어 및 여러 나라 언어로 번역되었고, 유럽의 연금술사들은 거의 모두 이 책을 읽었다. 그런데 연금술의 진짜 목적은 납을 금으로 바꾸는 것이 아니라, 낮은 수준의 인간을 높은 수준으로 올리는 데 있었다고 한다. 납과 금을 글자 그대로 해석한 데서 오는 실수라는 것이다. 연금술의 오래된 금언에 '인간이 바로 신이다'라는 내용이 있을 뿐더러 『타불라 스마라그디나』에는 "너희들이 바로 신임을 모르느냐?"라고 기록되어 있다. 지금으로부터 천년도 훨씬 전 사람들은 인간이 신이라는 생각을 가지고 있었는데, 오히려 과학이 엄청나게 발달한 21세기에 사는 사람들은 아직도 신에 매달리고 있는 현실이 참으로 아이러니다. 생각해보면 인간 개개인의 정신적 수준은 고대로부터 한 발자국도 앞으로 못 나간 게 아닌가 싶다. 아마도 인간의 정신세계는 유전이 안 되기 때문에 그럴 것이다.

연금술은 동양과 서양에 모두 존재했었다. 동양 문화권의 도교를 보면, 연단이라는 것을 만들어 불로장생하고자 하였는데, 역시 연금술이다. 진시황이 원했던 불로초 역시 연금술의 일종으로 보인다. 동양은 죽지 않고 신선이 되어 영원히 살고자 하는 방향으로 연금술을 시도했으나 서양은 값싼 금속, 예를 들면 납 같은 금속을 비싼 금속, 즉 금으로 바꾸고자 하는 연금술이 발달하였다. 지금 들으면 동양과 서양의 연금술 모두 황당무계한 소리로 들리겠지만, 당시 사람들은 그렇지 않았을 뿐만 아니라, 이런 다양한 시도가 의학, 약초학, 금속학, 화학이라는 학문의 기틀이 되었다.

1669년 연금술사 헤니히 브란트(1630-1692)는 소변을 가열하는 실험을 하다가 인을 발견했다. 브란트는 소변이 노란색임에 착안하여 소변을 가열하면 금이 나올지도 모른다는 생각을 했다고 한다(만약 그의 가정이 맞다면 인간의 몸속에는 금이 있어야 한다!). 소변을 가열한 그는 빛을 내고 불에 잘 타는 물질, 인을 발견하였다. 물론 순수한 인은 아니고 인이 함유된 화합물(인산수소암모늄나트륨)이었다.

85쪽 그림은 영국 화가 조셉 라이트(1734-1797)가 1771년에 그린 「철학자의 돌을 찾으려는 연금술사가 인을 발견하고, 그의 실험의 성공적인 결말을 기원하다」라는 대단히 긴 제목의 그림이다. 18세기라면 지금으로부터 그리 멀지 않은 시기다. 250여 년 전에 불과하지만, 당시 과학과 지금 과학은 천지 차이다. 인류 역사상 과학자들은 아주 많으나 그중 90%가 19세기 이후 사람들이다. 그러므로 18세기까지는 '과학의 암흑시대'라고 불러도 무방할 듯싶다.

라이트의 그림은 '철학자의 돌을 찾으려는 연금술사가 인을 발견하고, 그의 실험의 성공적인 결말을 기원하다'라는 제목이 설명하고 있듯이, 철학자의 돌을 찾으려는 연금술사가 우연히 뭔가를 발견하는 장면을 그린 것으로 보인다. 풍경화가이자 초상화가로서, 영국 산업혁명의 정신을 표현한 최초의 전문 화가로 평가되는 라이트는 명암 대비 효과를 이용한 것으로 유명하다. 이 그림 역시 중앙의 연금술사는 아주 밝게 표현된 데 반해, 뒤쪽의 두 사람(아마도 조수들일 것이다)은 탁자 위의 작은 불빛 하나에 의지한 채 어둠 속에 잠겨 있다. 라이트는 과거의 연금술사를 상상하지 않고, 그림의 배경으로 자신의 시대인 18세기를 삽입했다. 뾰족한 아치의 배경은 영락없이 고딕 양식의 교회 내부이다. 그러나 교회 안에서 연금술 실험이 허용되었을 리는 없으니, 라이트가 멋지게 보이려고 만든 장치일 것이다.

사람들은 그림과 브란트의 인 발견을 연결시키기도 한다. 브란트는 자신이 발견한 것이 뭔지 몰랐으며, 훗날 영국의 로버트 보일이 이 물질을 확인하여 '인'이라고 이름 붙이고 성냥까지 만들어냈다. 더 나중에 사람들은 불이 잘 붙는 인의 성질을 이용하여 폭탄(소이탄)까지 만들어 전쟁에 써먹었다.

과거의 과학자들이 그렇게나 찾아 헤맸던 철학자의 돌은 현대에 존재한다. 바로 입자가속기이다. 원자들이나 아원자 입자들을 집어넣고 광속에 가까운 속도로 충돌시키면 우리는 또 다른 원자를 만들어낼 수 있으며, 금도 예외는 아니다. 하지만 입자가속기를 운용하는 비용이 거기서 만들어지는 금값보다 훨씬 더 들기 때문에 이런 짓은 안 한다. 그래서 금은 땅에서 캐거나 물에서 채취한다. 주로 광산에서 금을 캔다. 광산 근처에 흐르는 강물 속에서 사금을 찾는 것도 있기는 하지만, 이걸로 부자가 되기는 힘들다.

현대 경제를 지탱하는 것 역시 금이다. 달러가 아니냐고 물을 수도 있지만, 역시 가장 기본은 금이다. 각국의 국립은행들이 달러나 파운드로 외화를 보관하고는 있지만, 금 역시 상당한 양을 차지한다. 아예 금으로만 보관하는 나라도 있다고 한다. 물론 세계통화기금(IMF)은 금을 폐지하고 SDR(special drawing right: 특별인출권)을 국제통화의 베이스로 정하고 있다. 금값은 어디서 정할까? 런던에 있는 금 시장에서 결정되는 가격이 국제표준이다. 모든 공인 은행은 금 거래를 할 수 있으나, 실제로는 5개의 공인 금 거래업자가 거래량의 절반을 차지하고 있다고 한다. 이 5개의 업자 중 하나가 로스차일드(Rothschild) 가문이다. 슬슬 음모론이 나올 순서인가?

로스차일드 가문은 전 세계에서 가장 많은 부를 소유하고 있는 것으로 알려져 있으며, 재산 총액이 거의 몇 경[京 : 조(兆)의 1만 배]에 이를 정도라고 한다. 로스차일드 가문은 영국, 프랑스, 오스트리아, 이탈리아 등에 지부를 가지고 있는데 오직 프랑스 지부만이 궤멸에 가까운 타격을 입은 적이 있다. 누가 했을까? 사회주의자인 프랑수아 미테랑(1916-1996) 프랑스 대통령이 로스차일드 파리 지부의 은행을 국유화한 것이다. 하지만 시간이 지나면서 미테랑은 과거의 사람이 되었고 로스차일드는 회복이 되었다. 나폴레옹(1769-1821) 역시 이런 말을 남겼다. "돈에는 조국이 없다." 바로 로스차일드를 겨냥한 말이다. 미국 16대 대통령이었던 에이브러햄 링컨(1809-1865) 역시 화폐 권력에

대하여 크게 염려하는 말을 했는데, 음모론자들의
말에 의하면 그의 암살 역시 로스차일드와 관련이
있다. 하지만 증명된 것은 없으니까, 믿거나 말거나
이다.

원자론에 따르면, 원자는 없어지지도 않고, 새로
생기지도 않으며, 다른 것으로 바뀌지도 않으니, 연
금술은 처음부터 불가능한 도전이었다. 지금의 과학
으로는 연금술이 가능하지만, 금을 만드는 데에는
쓰지 않는다. 현대의 연금술 중에서 가장 널리 알려
진 것은 우라늄을 플루토늄으로 바꾸는 것이다. 이
른바 고속증식로(원자력발전소의 한 종류)인데, 이건 가동
하면 할수록 점점 연료인 플루토늄이 늘어난다는
특징이 있다. 하지만 위험성이 높기 때문에 퇴조했
다가 지금은 부활하고 있는 추세다. 병원에서 치료
용으로 사용되는 방사능 원소들도 현대의 연금술로
만들어진다. 한국원자력연구원에서도 입자가속기를
사용하여 구리-67을 생산하는 데 성공했다. 구리-67
은 베타선을 방출해 암세포를 죽일 수 있다. 뉴턴이
이것을 알았다면 얼마나 흥분했을까. 다만 진짜 금
이 아니어서 아쉬워했을지도 모르지만.

다비트 테니르스 2세가 그린 또 다른 연금술사의 모습.
제목은 「실험실의 연금술사」.

8. '근대 화학의 아버지' 곁에
여성 화학자가 있었다

– 다비드의 「라부아지에와 그의 부인의 초상화」가 포착한 18세기 여성 화학자의 모습

오른쪽 그림의 중앙에 검정 정장 차림의 남자와 흰 드레스 차림의 여인이 있다. 상냥한 미소를 지으며 정면을 응시하고 있는 여인은 18세기 말 유행했던 옷차림을 하고 있다. 흰색 가발을 쓰고 레이스가 달린 흰색 드레스에 파란색 직물 벨트를 하고 있다. 흰색 가발을 쓴 남자는 검은 조끼와 퀼로트(반바지), 그리고 버클이 달린 신발과 스타킹 차림이다. 남자는 여인을 바라보고 있다. 눈을 동그랗게 뜨고 있는 것을 보아, 남자에게 이 여인은 보통의 대상 이상임이 확실하다. 여인의 손은 의자에 앉아 있는 남자의 어깨 위에 놓여 있고, 남자는 손에 깃털 펜을 잡은 채, 대단히 고급스러워 보이는 빨간 벨벳 천으로 덮인 널찍한 탁자 위의 노트에 뭔가를 적는 듯한 자세다. 노트 바로 위

나폴레옹 1세의 궁정화가이기도 했던 자크-루이 다비드가 그린
「라부아지에와 그의 부인의 초상화」(1788).
18세기 여성 화학자의 모습을 보여주는 귀중한 그림이다.

의 잉크병에는 여분의 펜이 꽂혀 있다. 그리고 그 옆에는 각각 다른 종류의 유리와 금속으로 된 병들이 있고(기압계와 가스탱크라고 한다), 병의 뒤에는 금장식이 된 녹색 상자가 살짝 보인다. 탁자 앞, 남자의 발 앞에도 금속 콕이 달려 있는 둥근 유리병이 굴러가지 말라고 짚으로 된 받침대에 걸쳐져 있다. 받침대는 희한하게도 우리 조상들이 머리에 쓰던 똬리와 닮았다. 유리병들로 미루어보건대 남자(당시는 일반적으로 남자가 직업을 가지고 있었다)는 화학 관련 일을 하는 사람으로 보인다. 아울러 집안의 배경이나 소품들, 옷차림으로 미루어 짐작컨대 상당히 부유함을 알 수 있다.

여인의 이름은 마리-앤 폴즈(1758-1836)이다. 18세기 프랑스의 화학자인데, 우리는 누구도 이 이름을 알지 못한다. 그러나 그녀의 성을 말하면 아무도 모를 수가 없다. 그녀의 성은, 물론 남편의 성을 따랐지만, 라부아지에다. 앙투안 로랑 라부아지에(1743-1794)는 '근대 화학의 아버지'라 불리는 인물로, 생명의 가장 근본 물질인 물이 무엇인지 확실히 밝혔다. 라부아지에는 수소를 태우면 물이 생긴다는 것을 발견했고, 물을 분해하면 수소와 산소로 나뉜다는 것도 발견했다. 이로써 원소와 화합물의 확실한 구별을 정립하였다. 수소와 산소는 원소이고, 물은 수소와 산소가 결합한 화합물이다. 현재 원소는 주기율표에 기록된 118개가 있지만, 화합물의 숫자는 헤아릴 수 없을 만큼 많다. 그 정도로 인류는 새로운 화합물들을 계속해서 만들어 내고 있다. 하지만 불행히도 새로운 화합물들은 지구 환경에 그리

좋은 영향을 주지 않고 있으며, 인간은 유일한 집인 지구를 아주 서서히 파괴하고 있는 중이다. 계속 이런 상태로 시간을 보내면 언젠가는 아주 뜨거운 맛을 보고 말 것이 분명하다.

1768년에 라부아지에는 세금징수조합의 일원이 되었다. 간단히 말하면 세무 공무원이 된 셈이다. 그의 상관은 자크 폴즈(1723-1794)였는데, 나중에 그의 장인이 된다. 그러니까 마리-앤 폴즈는 자크 폴즈의 딸이다. 어쨌든 라부아지에는 부자가 되었으며, 최고의 실험 장비들을 구비할 수 있게 되었고, 그의 연구는 더욱 박차를 가했다. 게다가 충실할 뿐만 아니라 대단히 유능한 협력자까지 있었다. 바로 부인 마리-앤이었다. 라부아지에는 점점 고위 공무원으로 승진하였고 과학자로서의 입지와 유명세까지 한꺼번에 얻었다. 물론 이 모든 것들은 그가 노력한 결과였다.

라부아지에는 1743년에 출생하여 1794년 사망(51세)했고 마리-앤은 1758년 출생하여 1836년 사망(78세)했다. 둘의 나이 차를 계산해보면 15년이 나온다. 라부아지에는 지금으로 쳐도 대단히 어린 여자와 결혼한 셈이다. 라부아지에는 1771년에 결혼했는데 이때 그의 나이는 28세이고, 마리-앤은 13세가 된다. 우리 식으로 따지면 라부아지에는 군대를 마치고 대학을 갓 졸업한 나이가 되고, 마리-앤은 중학교 1학년생이다. 왜 자크 폴즈는 외동딸을 13살의 어린 나이에 결혼을 시켰을까? 마리-앤이 13살 때, 50살 먹은 어느 백작이 청혼을 했다고 한다. 그리고 자크는 이것을 도저히 거절할 수 없는 입장이었다. 어

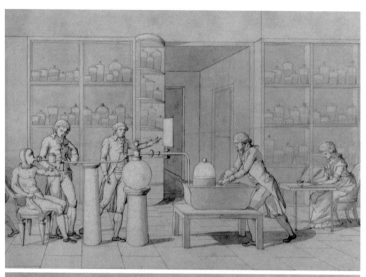

휴식 중인 피험자의 산소 소비량에 대한 실험(맨 위)과 운동 중인 피험자의 산소 소비량에 대한 실험(위). 두 그림 모두 마리-앤이 그린 것이며, 그림 오른쪽에 기록을 하고 있는 마리-앤 자신의 모습이 그려져 있다.

쩔 수 없이 자크는 동료에게 딸을 부탁했고, 이 동료가 바로 라부아지에였다. 라부아지에는 라카유(1713-1762, 프랑스의 천문학자로서 88개의 별자리에 그가 정한 14개가 들어 있다)에게 수학과 천문학을 배웠고, 이때부터 자연과학에 관심을 두었다(라부아지에는 법학 학사이다). 1775년부터 본격적으로 화학에 투신한 라부아지에 곁에서 마리-앤 역시 남편의 실험에 적극적으로 참여하였다. 그녀의 나이 17세였다. 이후 마리-앤은 남편의 동료인 장-밥티스트-미셸 뷔케(1746-1780) 등으로부터 정식 훈련을 받고, 드디어 남편의 어엿한 동료가 되었다.

마리-앤은 남편인 라부아지에를 도와 아주 많은 일들을 하였다. 그녀는 라부아지에와 실험을 함께 하였으며, 연구 노트를 쓰고 실험 과정을 그림으로 남겼다(마리-앤은 자신과 남편의 초상화를 그린 화가 자크-루이 다비드에게 그림을 배웠다). 여기에 더해 그녀는 라부아지에의 논문에 대한 편집자 역할까지 수행하였다. 여기까지만 해도 대단한데, 마리-앤은 프랑스어뿐만 아니라 라틴어와 영어까지 구사할 수 있었고, 라부아지에가 못 읽는 영어로 된 외국 논문들을 프랑스어로 번역하여 라부아지에에게 제공하기까지 했다. 아내 덕분에 라부아지에는 시대에 뒤떨어지지 않고 외국의 최신 연구 논문을 볼 수 있었다. 95쪽 그림을 보면 마리-앤은 정면을 보고 있으나 앙투안은 그녀를 바라보고 있다. 자신에게 그토록 많은 도움을 준 여인에 대한 존경과 찬사일까?

95쪽 그림은 1788년에 그려졌다. 다음 해인 1789년에 역사적인 프랑스 혁명이 일어났다. 부패한 왕정을 타도하기 위하여 민중이 봉기

한 것이다. 혼란스러운 혁명의 와중, 1793년에는 결국 프랑스과학아카데미가 문을 닫았다. 같은 해에 국민공회는 전직 세금 징수원들에 대한 체포를 의결하였고 라부아지에는 장인과 함께 수감되었다. 다음 해인 1794년 체포된 32명의 세금 징수원 가운데 28명에게 사형이 확정되었다. 사형수 명단에는 라부아지에와 장인 자크 폴즈의 이름도 올라 있었다. 사형이 선고된 5월 8일 저녁에 라부아지에는 장인과 함께 단두대에서 처형되었고 시체는 공동묘지에 버려졌다. 훗날 '근대 화학의 아버지'라 불릴 정도인 인물의 머리가 잘려버렸다. 역학(力學) 분야에서 뉴턴에 버금가는 인물로 평가되는 조제프 라그랑주(1736-1813)는 이런 말을 남김으로써 라부아지에를 추모하였다.

"이 머리를 베어버리기에는 한순간이면 충분하지만, 프랑스에서 다시 이런 두뇌를 만들려면 100년도 더 걸릴 것이다."

정말로 라부아지에 사후 프랑스의 과학은 거의 100년 동안 침체기에 빠졌다. 라부아지에가 세금 징수원으로서 부를 많이 축적한 것도 사실이다. 그리고 라부아지에가 대단한 과학적 발견을 한 것도 사실이다. 그리고 부패한 정치세력을 국민들이 무너뜨린 것도 사실이다. 마리-앤 역시 체포되었으나 사형은 면했다. 라부아지에 사후 몰수된 그의 모든 연구 실적들은 2년 뒤인 1796년에 마리-앤이 공식적으로 돌려받았다. 그해에 라부아지에의 두 번째 장례식이 치러졌고 그는 모든 불명예를 씻게 되었다. 하지만 마리-앤은 남편의 죽음을 막지 못한 라부아지에의 제자들 및 친구들과 연을 끊었으며 당연히 장례식에도 참석하지 않았다. 라부아지에 사후 10년이 지난 1804년 마리-앤은 물리학자이자 군인인 벤저민 톰슨(1753-1814)과 재혼하였으나(톰슨이 4년 동안 구애하였다고 한다) 라부아지에라는 성을 버리지 않았고, 결국 4년 뒤 이혼하였다. 참고로 톰슨은 대포를 깎을 때 많은 열이 발생하는 것에 주목하여 열이 운동의 다른 형태임을 알아내었고, 이것은 열역학에 커다란 영향을 주었다. 한편, 라부아지에의 조수였던 엘뢰테르 이레네 듀폰(1771-1834)은 혁명을 피해 미국으로 도피하였으며 그가 세운 회사가 오늘날 세계적 화학 기업인 듀폰이다.

9. 인간의 몸이
하루에 1.8톤의 피를 만들어낸다고?

– 1,500년 동안 군림한 갈레노스의 혈액파도설을 무너뜨린 윌리엄 하비의 혈액순환설

피가 심장에서 출발하여 온몸을 돈 다음, 다시 심장으로 되돌아간다는 것은 현대인에게는 상식이다. 그러나 지금으로부터 350여년 전만 해도 사람들은 피가 간에서 만들어져서 정맥을 따라 신체 말단에 가서 없어진다고 믿었다. 갈레노스(129-200?)의 이론에 따른 혈액파도설이 세상을 지배하고 있었던 것이다.

갈레노스는 2세기 무렵의 사람으로서 로마 제국 시대의 그리스인이다. 히포크라테스 이후 최고의 의사로 꼽히며 고대 의학의 완성자이기도 하다. 그리스의 페르가몬(현재는 터키에 속한다) 출신인 갈레노스는 검투사 학교 의사가 되어 부상당한 검투사들을 치료하면서 의술을 연마했고, 32살에 로마로 이주하여 이후 16대 공동 황제였던 마르쿠스 아우렐리우스와 루키우스 베루스를 비롯하여 여러 황제들의

주치의로 일했다. 한마디로 아주 잘나가던 의사였던 것이다. 이 시대에는 인체 해부가 엄격히 금지되어 있었기 때문에 갈레노스는 동물들, 특히 인간과 비슷한 영장류를 해부하면서 인체 해부에 관한 이론을 세워나갔다. 갈레노스의 약점이라면 인체를 직접 해부해본 경험이 없다는 것이다. 그는 동맥이 공기와 혈액을 운반한다고 하였으며, 동맥과 정맥의 차이를 알아냈고 최초로 인체 순환계에 대하여 서술하였다. 무려 400권이 넘는 책을 저술한 갈레노스의 의학은 1,500년 동안 서방 세계의 기본 의학으로 군림했다.

그런데 17세기 잉글랜드의 의사였던 윌리엄 하비(1578-1657)는 이것에 의문을 품었다. 갈레노스의 이론대로 계산을 해보았더니 하루에 심장에서 나오는 피의 양이 1,800리터나 되었던 것이다. 물 1리터가 1킬로그램이니 1,800리터는 1,800킬로그램, 즉 1.8톤이다. 심장이 날마다 이 정도의 피를 공급하려면 사람은 이것보다 더 먹어야 하지 않을까? 사람이 하루에 1.8톤 이상을 먹어야 한다는 어처구니없는 계산 결과에 의문을 품은 하비는 1628년『동물의 심장과 혈액의 운동에 관한 해부학적 연구』라는 책에서 혈액순환론을 제창하였다. 참고로, 코끼리는 하루에 120킬로그램 정도를 먹고, 100킬로그램 정도를 배출한다고 한다. 사람은 하루에 1킬로그램 정도를 먹고, 35-225그램 정도 배출하면 정상이라 한다.

윌리엄 하비는 케임브리지 대학을 마치고 르네상스 시대 선진의학의 중심지였던 이탈리아의 파두아 대학에 유학하였으며, 런던에서

영국의 역사화가인 어니스트 보드가 그린
「찰스 1세 앞에서 혈액 이론을 시연한 윌리엄 하비」.

개원하여 큰 성공을 거두었다. 잉글랜드의 왕 제임스 1세와 찰스 1세의 시의를 역임하였으며 왕립의과대학 총장으로 선출되지만, 나이를 이유로 사양하였다. 당시 파두아 대학은 공개 해부학 강의가 있었는데, 내용은 해부를 하면서 갈레노스의 이론이 맞다는 것을 확인하는 것이었다. 그러나 하비는 여기에 의문을 품고, 10년 동안의 연구 끝에 혈액순환설을 발표한 것이다. 갈레노스의 학설을 역사상 최초로 반박한 사람이 윌리엄 하비였다.

하지만 늘 그렇듯이 하비의 이론 역시 당시에는 인정받지 못했다. 그의 스승인 파두아 대학 해부학 교수 파브리키우스(1533-1619)마저 하비를 못마땅해했다고 한다. 물론 하비 역시 아리스토텔레스 철학에 집착한 나머지 몇 가지 오류를 범하기는 했다. 심장과 폐의 관계를 제대로 설명하지 못했으며 폐순환과 전신순환을 연결하지 못했다. 그리고 모세혈관도 발견하지 못했다. 하지만 현미경이 없었던 시대에 모세혈관을 발견하는 것은 불가능하다. 하비는 1657년에 사망하고 레이우엔훅은 1674년부터 자신이 만든 현미경으로 미생물을 발견한다. 그리고 이탈리아의 생물학자이자 의사인 마르첼로 말피기(1628-1694)가 현미경으로 모세혈관을 발견함으로써 하비의 혈액순환론은 마침내 완성되었다. 하비는 비록 혈액순환 이론을 완성하지는 못했지만 절대 권위를 누리던 갈레노스의 이론을 과학적으로 깨뜨림으로써 생물학에서 거의 코페르니쿠스적 전환을 이루었다.

혈액은 혈장과 혈구로 구성된다. 혈장은 기본적으로 물이다. 물에 이런저런 성분이 섞여 있다. 혈구는 적혈구, 백혈구, 혈소판을 말한다. 적혈구는 산소를 운반하고, 백혈구는 외부에서 들어온 생명체를 없애고 항체를 생성하며, 혈소판은 피를 굳히는 일을 한다. 3가지 모두 인체에 대단히 중요한 일이다. 혈장의 대부분인 물은 우리가 먹어서 보충하고, 혈장에 들어 있는 염류 역시 먹어서 보충한다.

적혈구는 골수에서 만들어진다. 골수는 뼈의 안쪽에 있는 유연한 조직이다. 닭뼈를 쪼개서 쪽쪽 빨아먹는 사람들이 있는데, 이것이 골수를 먹는 것이다. 적혈구의 수명은 120일 정도이고, 오래된 적혈구는 간과 비장(지라)에서 제거된다. 백혈구 역시 골수에서 생성된다. 여기까지가 골수 조혈설이다.

인체를 이루고 있는 성분 중 물이 차지하는 비율이 거의 50~60%이다. 혈액은 약 5~6리터 정도이다. 1리터들이 우유팩으로 5~6개 정도의 피가 몸 안에 있는 셈이다. 인간은 혈액의 1/3 정도를 잃으면 사망한다고 한다. 사람의 혈액은 전부 같지 않고 몇 개의 종류로 나뉜다. O, A, B, AB 등으로 나뉜 혈액형에 따라 수혈을 할 수 있다. 잘못 수혈하면 죽는다. 사람의 피가 서로 다르다는 것이 참 신비롭기까지 하다. 왜 사람의 혈액에는 서로 다른 형이 존재할까? 혈액형을 가지고 성격을 분석하는 것이 유행이었는데, 이 유행은 사그라들 줄 모른다. 만약 혈액형에 따라서 기본 인간 성격이 다르다면 피가 우리의 뇌나 학교 교육보다 우선하여 사람을 지배한다는 말인데, 과연 그럴 수 있을까?

참고로, 동물들도 혈액형이 있다. 소는 12가지 혈액형이 있고, 말은 7가지, 면양은 8가지, 닭은 13가지, 개는 11가지, 돼지는 15가지 혈액형을 가지고 있다고 한다. 원숭이는 사람과 유사하게 A, B, AB, O형이 있는데 침팬지는 A형과 O형뿐이고 고릴라는 B형만 있으며 오랑우탄은 A, B, AB형만 있는 것으로 알려져 있다.

10. 빅토리아 여왕,
무통분만의 비밀

– '천상의 물질' 에테르에서 여왕의 출산을 도운 클로로포름까지, 마취제 이야기

마취제는 일시적으로 감각이나 자각의 상실을 유도하는 약물이다. 그러니까 마취가 되면 통증뿐만 아니라 다른 모든 감각을 느끼지 못하게 된다. 병원에서 마취되어본 경험이 있는 사람은 알 것이다. 사람들이 가장 가기 싫어하는 병원이 어디일까? 당연히 치과다. 일단 치과는 '씨이잉- 씨이잉-' 하는 드릴 소리부터가 소름 끼치게 싫다. 충치가 생긴 부분을 갈아내야 하기 때문에 치과 드릴은 치과 치료의 기본이다. 물론 치과의사들은 '드릴'이라 하지 않고 점잖게 '핸드피스'라고 부른다. 충치 치료 정도에는 마취가 필요없지만 기본적인 신경치료라도 하려면 마취가 필수다. 보통 마취제에는 '-카인'이라는 접미사가 많이 붙는데, 치과에 가장 많이 쓰이는 것은 리도카인 계열의 마취제다. 주사로 하는 것도 있고 바르는 것도 있다. 보통 몇

분 내에 마취가 되고 30분 전후로 마취가 풀린다.

수술 후 마취가 풀리면, 보통 두 가지 경험을 한다. 하나는 완전히 몸이 마음대로 움직이지 않는다는 것이다. 마취가 완전히 풀릴 때까지는 몸이 내 것 같지가 않다. 그래서 가끔 소변을 볼 수 없는 경우가 생긴다. 분명히 요의는 있는데, 나오지 않는다. 할 수 없이 소변줄을 찰 수밖에 없다. 두 번째는 지독한 통증이다. 칼로 신체 일부를 짼 다음, 수술을 하고, 다시 실로 꿰매어놓는다. 영화에서 볼 수 있지만, 칼에 찔리면 엄청나게 아프다. 병원에서 의사가 칼로 짼 것이나, 사이코패스에게 칼로 찔린 것이나 고통은 똑같다. 그러니 마취가 풀리면 지독히 아플 수밖에.

그래도 지금은 마취제가 다양하게 있어서 수술할 때 통증을 느끼지는 않는다. 그러나 마취제가 없던 시절에는 환자가 고스란히 수술 통증을 참으면서 견뎌야만 했다. 영화에서 가끔씩 나오기는 한다. 예를 들면 독한 술을 환자에게 먹인 다음, 입에다 재갈을 물리는 것이다. 하지만 보통 사람은 통증이 심하면 기절하는 법이다.

고대 그리스어로 아이테르는 태초의 신 중 하나다. 제우스와 같은 형상을 가진 신이 아니라 '하늘'을 의인화한 신이다. 아리스토텔레스는 4원소 물, 불, 공기, 흙에 더해 제5원소로 아이테르를 택했다. 이것 때문에 천계를 채우고 있는 물질로 아이테르가 있다는 설이 정립되었고, 물리학에서조차 빛의 매질로 에테르(아이테르)를 택하였다. 전자기학에서 파동은 반드시 매질이 있어야 전달된다는 믿음 때문에

「기체 역학에서 새로운 발견」이라는 제목의 제임스 길레이가 그린 풍자만화로, 영국 왕립연구소의 강연을 보여주고 있다. 험프리 데이비(아산화질소의 마취 특성을 발견했다)가 풀무를 들고 있고, 럼퍼드 백작(벤저민 톰슨)은 오른쪽을 바라보고 있다.

전자를 발견한 조지프 톰슨(1856-1940)은 에테르설을 지지하였으며, 이에 영향을 받은 제임스 클럭 맥스웰(1831-1879, 고전 전자기학은 맥스웰의 4개 방정식으로 완전히 설명될 수 있다)조차 에테르의 존재를 믿었다. 결국 에테르를 발견하고자 했던 마이켈슨-몰리 실험은 실패로 끝났고, 20세기에 들어와서 아인슈타인이 "에테르는 없다."라고 선언함으로써 아리스토텔레스 이후 거의 2,000년 동안 과학을 지배해온 '천상의 물질' 에테르는 비로소 완전히 폐기되었다. 그런데 화학에서 새로운 물질이 발견되었다. 이 물질은 대단히 휘발성이 높았다. 그래서 지상에 있지 않고 천상으로 돌아가려고 하는 물질이라는 의미에서 '에테르'라고 부르기로 했다. 결국 에테르라는 이름은 지금도 우리 곁에 남아 있다. 천상으로 돌아가고 싶은, 신의 영역에 들어가고 싶은 인간의 마음이 반영된 결과다.

오른쪽 그림은 어니스트 보드가 그린, 마취제로 에테르를 처음 사용한 장면이다. 그림을 보면 콧수염을 기른 남자가 하얀 손수건 같은 것으로 의자에 앉아 있는 사람의 코와 입을 가리고 있다. 콧수염 남자가 친절하게도 왼손을 사용하여, 눈을 감고 있는 남자의 머리를 잡고 있는 것으로 보아, 입이 가려진 남자는 뭔지는 몰라도 서서히 의식을 잃고 있는 중임을 알 수 있다. 손수건에 묻혀진 것은 에테르였고, 콧수염의 남자가 환자를 마취하는 중이다. 1846년 처음으로 미국의 치과의사 윌리엄 모튼(1819-1868)이 마취제를 사용하여 수술하는 것을 공개 시연하였다. 오른쪽 그림은 바로 그 장면을 그린 것이다. 모튼이 마취를 하고 존 워런(1778-1856, 매사추세츠 종합병원 외과과장)이 통증 없이 환자의 목에서 종양을 제거했다. 의자에 앉아 있는 환자의 목 부분을 자세히 보면 종양이 볼록 올라와 있다. 이후 여러 의사들이 종양 제거나 치아 치료에 에테르를 사용하여 환자를 마취했다.

그러나 마취제로 쓰인 건 에테르가 처음은 아니다. 19세기 초에는 아편이 환자의 고통을 줄여주는 용도로 사용되기도 했으나, 후유증

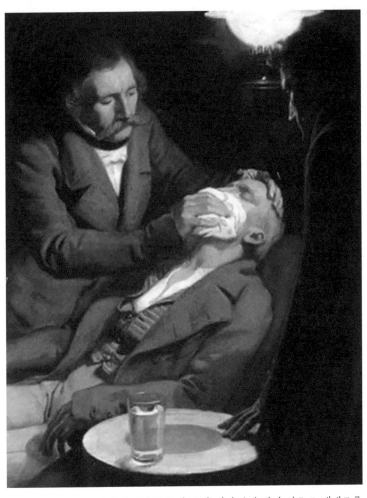

1846년 윌리엄 모튼이 종양 제거 수술에서 최초로 에테르를
마취제로 사용하는 것을 공개적으로 시연하는 장면.
마취제의 사용으로 인류는 끔찍한 수술의 고통과 공포에서 해방되었다.

이 훨씬 심각했다. 오죽했으면 수술 대신 그냥 죽겠다는 사람이 더 많았다고 한다. 19세기 말이 되자 웃음가스가 나왔다. 아산화질소이다. 아산화질소를 마시면 참을 수 없을 정도로 웃음이 나오면서 통증도 못 느끼게 된다. 그래서 웃음가스는 20세기 중반까지 마취제로 사용되었다. 지금도 소아치과에서 어린아이를 마취할 때 아산화질소를 사용하기도 한다.

19세기 중반 미국에서 대학생들이 에테르를 환각 물질로 사용하

물은 수소 원자 2개에 산소 원자 1개가 결합된 물질이다. 에테르는 물의 수소 원자 2개가 알킬기로 치환된 물질을 말한다. 알킬기란 분자 내에서 탄소와 수소로 이루어진 부분이다. 유기화학에서는 R로 표시하는데, 에테르는 R-O-R' 이다(물은 H-O-H이다). 물에 잘 녹지 않으며 휘발성이 강한 에테르는 불에 잘 타는 성질을 가지고 있다. 에테르가 휘발하면서 나오는 증기는 마취 효과를 가지고 있다. 냄새가 심하고 현재 1급 위험 물질로 분류되어 있다. 메탄은 탄소 원자 1개에 수소원자 4개가 결합된 형태(CH_4)인데, 클로로포름은 메탄에서 수소 원자 3개가 염소로 치환된 형태($CHCl_3$)를 가지고 있다. 액체이며 기화성이 세다. 본드 냄새가 나며 마취 효과가 있다. 심장이나 간에 손상을 줄 수 있으며, 많이 마시면 죽음에 이르기도 한다. 그래서 클로로포름을 이용한 살인 사건도 꽤 있었다. 지금은 에테르와 클로로포름, 둘 다 사람에게는 쓰지 않는다.

는 에테르 파티가 유행되었다. 파티에서 사람들이 다쳐도 통증을 느끼지 못하고 실실거리는 것을 본 외과의사 크로퍼드 롱(1815-1878)이 에테르를 마취제로 사용해서 수술을 했다. 그런데 롱은 이것을 발표하지는 않았다. 이것이 나중에 에테르 마취에 대한 선취 분쟁으로 이어진다. 하버드대학 교수 찰스 잭슨(1805-1880, 내과의사이자 과학자)이 여기에 착안하여 자신의 학생이었던 윌리엄 모튼에게 에테르를 권했고 (모튼은 치과의사였으나 결혼 조건이 의사가 되는 것이었기 때문에 하버드 의대에 입학하였다. 하지만 졸업은 하지 않았다) 모튼은 성공했다. 에테르는 효과는 좋았지만 냄새가 심해서 사용하기가 아주 안 좋았다. 무통분만 때 산모들이 냄새 때문에 아주 질색을 했다고 한다. 더 큰 문제는 폭발성이었다. 가끔씩 수술실에서 폭발 사고가 일어났고 그럴 때마다 에테르의 인기는 떨어졌다.

그다음으로 클로로포름이 나왔다. 클로로포름은 19세기 중반 여러 명이 합성하였다는 기록이 있으며, 에테르를 이용하여 무통분만에 성공한 적이 있는 스코틀랜드의 산부인과 의사 제임스 심슨(1811-1870)이 클로로포름을 이용한 무통분만에 역시 성공하였다. 빅토리아 여왕(1819-1901)도 클로로포름의 도움을 받아 8번째 자식인 4남 레오폴드와 9번째 자식인 5녀 비아트리스를 낳았다. 이제 클로로포름이 대세가 되었다. 그러나 여기에도 약점이 있다. 클로로포름은 간을 손상시켰으며 심장 심실세동으로 환자를 사망에 이르게 하기도 하였다. 빅토리아 여왕이 두 번이나 클로로포름을 이용하여 출산을 하면서 죽지 않은 것은 천운이었다.

에테르도 클로로포름도 마취제로 부적당하다고 판명되면서 티오펜탈이 개발되었다. 티오펜탈은 마취 시간이 짧아 단시간 수술에만 쓰였는데, 정작 더 많이 쓰인 곳은 미국 경찰과 CIA였다고 한다. 범죄 용의자에게 티오펜탈을 투여하면 술술 자백을 했던 것이다. 그러나 1963년 미국 대법원은 티오펜탈로 인한 자백을 인정하지 않기로 했고 경찰은 더이상 티오펜탈을 사용할 수 없게 되었다. 그리고 몇 개의 마취제가 더 나왔다가 사라졌다. 1983년에 드디어 프로포폴이 나왔다. 부작용이 있기는 하지만 현재는 이것이 가장 좋은 마취제이다. 가끔씩 뉴스에 나오는 바로 그 약이다. 현재 국소마취제로는 리도카인, 벤조카인 등이 많이 쓰이고 전신마취제로는 티오펜탈, 프로포폴, 케타민, 미다졸람 등이 많이 쓰인다.

11. 파스칼,
데카르트의 코를 납작하게 만들다
- 수은 기둥으로 진공의 존재를 증명한 파스칼의 실험

지난 토요일 날씨는 불확실했으나…… 새벽 5시가 되자 퓌드 돔산이 보였다…… 그래서 가보기로 했다. …… 8시에 우리는 미님 신부들(Minim Fathers)의 정원(문맥상으로 볼 때 수도원으로 여겨진다-지은이)에서 만났다…… 처음 나는 16파운드의 퀵실버 (quicksilver: 우리는 머큐리를 수은으로 알지만, 퀵실버 역시 수은이다-지은이)를 큰 그릇에 부었다. …… 나는 수은 기둥이 26 그리고 3과 1/2 라인에 있는 것을 발견했다. …… 같은 장소에서 두 번 더 실험을 했다. …… 매번 같은 결과가 나왔다. …… 나는 수도원보다 500패덤(1패덤은 약 1.8미터이므로 500패덤은 900미터다-지은이) 높은 퓌드돔산 꼭대기로 갔다. …… 수은 기둥의 높이는 23 그리고 2라인이었다.

파스칼(1623-1662)은 퓌드돔산(중부 프랑스에 있는 화산) 근처에 살고 있었는데 1648년 그 산에 올라가 진공 실험을 하려고 했다. 그러나 건강이 좋지 않아 직접 산에 오르지는 못하고 자신의 매형이자 변호사인 페리에(1605-1672)가 대신 '팩트 체크' 미션을 수행하였다. 앞의 글은 페리에가 남긴 그날의 기록 일부다. 왜 파스칼은 진공 실험을 하려고 했을까? 지금부터 그것에 대하여 추적해보자.

아주 옛날부터 사람들은 진공의 존재에 대하여 의문을 가지고 있었다. 플라톤(기원전 400년대-기원전 300년대)은 진공을 추상적인 개념으로 보았고, 아리스토텔레스는 진공의 존재를 부정하였다. 밀도가 높은 물질이 있다면 이것이 주위의 빈 공간을 채울 것이기 때문에 진공은 없다고 하였다.

지금이야 집집마다 수도가 있지만, 과거에는 우물에서 물을 길어다 사용했다. 그런데 흡입 펌프로 물을 끌어 올릴 수 있는 우물의 깊이는 10미터 정도였다. 우물이 그 이상 깊어지면 물을 끌어 올리지 못했다. 흡입 펌프로 공기를 빨아내면 펌프 속은 거의 진공이 되고, 우물 속의 물은 대기압을 받는다. 그러므로 물은 대기압이 눌러주는 만큼 펌프 속에서 상승할 수 있다. 그런데 대기압은 10미터 정도 물기둥이 누르는 압력과 같으므로 우물 깊이가 10미터 이상이 되면 물을 우물 밖으로 퍼 올릴 수 없게 된다. 현재 우리는 이런 과학을 알지만 당시에는 몰랐다.

토리첼리(1608-1647)는 왜 10미터인지에 의문을 품었다. 1643년 토리첼리는 1미터 길이의 유리관에 수은을 채웠다. 왜 하필 수은을 채웠을까? 물보다 훨씬 무거웠기 때문이다. 물도 상당히 무거운 물질이긴 하지만 만약 토리첼리가 물로 실험을 했다면 최소 10미터가 넘는 유리관이 필요했을 것이다. 그런데 수은은 물보다 13배 정도 무거운데다가, 실온에서 액체인 유일한 금속이다. 실험 재료가 무거울수록 짧은 관을 사용할 수 있으므로 실험이 간편해지고 당연히 돈도 덜 들게 되는 수은은 최적이었다. 토리첼리는 수은을 가득 채운 1미터 길이의 유리관을, 수은을 가득 채운 커다란 그릇에 수직으로 세웠다. 그러자 유리관의 수은 기둥이 내려가다가 76센티미터 정도에서 딱 멈췄다. 수은을 이용하여 최초로 진공을 만들어낸 순간이었다.

토리첼리는 1기압이 76센티미터의 수은 기둥의 압력과 같다는 것도 발견했다. 이것을 기념하여 압력의 단위 중 토르(Torr)는 토리첼리의 이름을 땄다. 1토르는 수은 기둥 1밀리미터의 압력과 같다(물론 10만 분의 1 정도 차이가 있지만 무시할 만하다). 그러면 1기압은? 1기압은 76센티미터 수은이고, 760밀리미터 수은이므로, 760토르가 된다. 진공 또는 진공도의 단위도 토르를 주로 쓴다. 우주 공간의 진공은 대략 10^{-6} 토르에서 10^{-14} 토르 정도이다. 그러나 일부 사람들은 토리첼리가 만든 수은 기둥 위의 공간에 유리관을 통과한 공기가 차 있을 거라 반박하였다. 과학적으로 말하면, 토리첼리의 수은 기둥 위에는 수은이 기화한 기체가 들어 있다. 진공 논쟁은 여전히 끝나지 않은 것이다. 여기에 파스칼도 합류하였다. 파스칼은 1647년 토리첼리의 실험에 대하여 알게 되었고, 여러 가지 모양의 유리관을 만들어 수은 기둥 실험을 하였다. 그는 12미터나 되는 유리관도 만들었다고 한다. 파스칼은 이런 일련의 실험을 하다가 '파스칼의 원리'를 발견하였다. 밀폐된 상태의 액체에서 한 지점의 압력이 증가하면, 액체가 차 있는 용기의 모든 점에서 동일하게 압력이 증가한다는 것이다. 파스칼의 원리를 이용하여 만들어진 것 중에 우리 주변에서 쉽게 볼 수 있는 것은 카센터에서 자동차를 들어 올리는 리프트이다.

여기에 데카르트가 끼어든다. 데카르트는 파스칼과 진공에 대한 논쟁을 벌였으며, 그 자신은 진공을 혐오할 정도로 믿지 않았다. 데카르트는 토리첼리의 실험에서 수은 위의 빈 공간이 진공이라는 것을 받아들이지 않았다. 데카르트는 물리학자이며 근대 철학의 아버지이며 해석기하학(수학의 한 분야)의 창시자로 불린다. 그런데 아쉽게도 이 정도의 인물이 진공에 대해서는 꽉 막힌 사고를 한 셈이다. 결국 데카르트는 파스칼에게 기압계를 가지고 산으로 가라고 빈정댔고, 파스칼은 보란 듯이 그대로 했다.

오른쪽 어니스트 보드의 그림은 이 장면을 그린 것이다. 보드가 역사적 사실을 존중하여 그림을 그렸다는 가정을 하면, 검정 모자를 쓰고 수은 기둥의 눈금을 읽으려고 하는 사람은 파스칼의 매형 페리에일 것이다. 그리고 그 옆에 있는 두 사람은 함께 산에 오른 신부들일 것이다. 페리에의 기록을 보면 수은 기둥의 높이가 고도가 올라감에 따라 내려가는 것을 알 수 있다. 수도원에서 수은 기둥 높

진공의 존재를 두고 데카르트와 대립하던 파스칼은 퓌드돔산에 올라가
수은 기둥으로 진공 실험을 하기로 했다. 그러나 건강이 좋지 않아 매형에게
실험을 부탁한다. 실험 결과 고도가 높아지니 수은 기둥의 높이가 낮아졌다.
이 실험 결과를 바탕으로 파스칼은 진공이 존재한다고 주장했다.

이는 26이 약간 넘었고, 수도원보다 900미터 높은 산꼭대기에서 수
은 기둥의 높이는 23이 약간 넘었으므로 높은 곳에서 수은 기둥의
높이는 더 낮았다. 쉽게 말하면, 대기압이 낮아진 것이다.

파스칼은 고도가 높아지면 수은 기둥의 높이가 낮아진다는 실험
결과를 바탕으로, 공기가 무게가 있고 진공이 존재한다고 주장하였
다. 역시나 데카르트는 '보편 유체'라는 것이 우주 전체를 채우고 있
기 때문에 진공이라는 것은 없다고 주장한다. 그러나 1654년 게리케
(1602-1686)가 진공 펌프를 발명하여 유명한 '마그데부르크 반구' 실험
을 함으로써 진공에 대한 논쟁은 종결되었다고 봐도 된다.

유리 세공 기술과 진공 기술이 발전하면서 진공관이 등장하였다.
유리로 만든 관 안을 진공으로 만든 다음(진공 펌프를 이용하여 공기를 빼낸

압력의 단위로는 토르 이외에 하나가 더 있는데, 물리학에서는 이것을 더 많이
쓴다. 바로 파스칼(Pa)이다. 1파스칼은 1제곱미터의 면적에 1뉴턴의 힘이 작용
하는 압력을 말한다. 당연히 파스칼의 이름을 따서 붙인 것이다. 여름에 태풍이
우리나라로 접근하면, 방송에서는 태풍의 이름과 예상 진로, 그리고 태풍의 세
기를 몇 헥토파스칼(hPa)이라고 얘기를 하는데, 여기에서 1헥토파스칼은 100
파스칼이다.

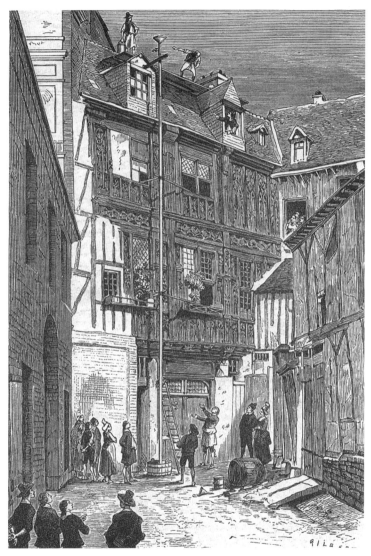

파스칼이 1640년에 커다란 통을 이용하여 대기압 실험을 하는 장면을 그린 그림이다.

다) 거기에 전기를 걸어주면 방전 현상이 생겼다. 이 방전 현상에는 '음극선'이라는 이름이 붙었고, 원인이 무엇인지 알아내기 위해 많은 과학자들이 뛰어들었다. 전자기파를 최초로 실험적으로 발견한 독일의 물리학자 하인리히 헤르츠(1857-1894) 역시 예외는 아니었다. 헤르츠는 음극선에 전기장을 걸어주었는데, 음극선이 휘어지지 않았다. 이 결과를 바탕으로 헤르츠는 음극선이 전기를 띠고 있지 않다고 결론 내렸다. 틀렸지만 지극히 타당한 결론이다. 그런데 헤르츠가 사용한 진공관의 진공 품질이 안 좋았다. 음극선이 휘어지지 않았던 이유는 진공관 내부에 공기가 남아 있었기 때문이다. 만약 진공관의 진공도가 좋았다면 헤르츠는 올바른 판단을 했을 것이다. 이후 톰슨이 더 좋은 진공관으로 실험을 하였고, 전기장을 걸어주자 음극선이 편향되었다. 전자를 발견한 순간이었다. 톰슨은 이 공로로 노벨 물리학상을 받았다. 헤르츠 역시 전자기파를 발견한 공로로 노벨상을 받을 만하였으나, 1894년 37세의 이른 나이로 사망한다. 노벨상은 1901년부터 수여되었으니, 헤르츠가 10년만 더 살았다면 분명 노벨상을 받았을 것이다.

현대 사회를 떠받치는 컴퓨터는 반도체에 기반을 두고 있다. 반도체 제작 공정에서도 진공은 필수다. 몇 나노미터로 제품을 만드는데, 몇 밀리미터 또는 몇 마이크로미터짜리 먼지가 기판 위에 쿵 하고 떨어진다면? 작업자는 큰일 났다고 하고, 경영자는 돈이 날아가는 소리가 들릴 것이다. 진공을 만드는 펌프는 몇 가지 종류가 있는데 가장 기본적인 것이 오일을 쓰는 오일 회전 펌프다. 흔히 로터리 펌프라고 한다. 간단히 말해서 선풍기다. 회전 날개로 진공을 필요로 하는 곳의 공기를 빨아들여 공기 중으로 내보내는 방식이다. 윤활, 밀폐, 냉각의 역할을 오일이 수행한다.

생활에 사용하는 진공 기술에는 무엇이 있을까? 진공관을 이용하여 만든 것이 전자총이고, 전자총으로 만든 제품이 텔레비전이다. 지금의 TV가 아니라 이제는 유물이 되어버린 과거의, 뒤가 불룩 튀어나온 TV다. 흔히 CRT라고 부른다. 컴퓨터 모니터로도 사용되어 한 시대를 풍미하였으나, 이제는 액정 모니터 등에 밀려 역사의 뒤안길로 사라졌다. 그럼 이제 우리는 더 이상 생활에 진공을 응용한 제품을 쓰지 않는 걸까? 아니다! 우리는 지금도 진공 관련 제품을 쓰고 있다. 어느 집에 가든 하나씩은 꼭 있는 진공청소기가 그것이다. 진공청소기는 펌프의 회전력으로 내부의 공기 압력을 감소시킨다. 그러면 대기압이 먼지를 밀어서 청소기 안으로 집어넣어준다. 진공은 그리 멀리 있지 않고, 우리 곁에 있다. 그러나 이것의 존재를 알아내기까지 수많은 사람들의 엄청난 노력이 있었다.

12. 시골의사,
마마를 물리치다

-1만 년 이상 인류를 괴롭혀온 공포의 전염병 '천연두'는 어떻게 사라졌을까

128~129쪽 그림을 보면 한 여인이 아이의 뒤에서 아이의 팔을 꽉 잡고 있으며, 한 남자가 사뭇 비장한 표정으로 남자 아이의 팔에 가느다란 무엇인가를 대고 있다. 그것을 바라보는 아이의 얼굴에는 걱정이 가득 차 있다. 남자의 옆 테이블 위에는 하얀 천이 있고, 그 위에 몇 가지 소품들과 크고 작은 유리병 두 개가 있다. 큰 유리병은 액체가 담긴 채 밀봉되어 있으며(무엇인지는 알기 힘들다) 작은 유리병은 라벨이 붙어 있는 것으로 보아 물은 아닌 것으로 보인다. 그림의 배경과 인물들의 의복으로 미루어 중세 시대처럼 보이지는 않는다. 18세기에 프리스틀리가 천연 광천수에 대한 연구를 발표하였으며, 소다수가 의약품으로 세상에 나왔다. 라벨이 붙은 병이 술병이 아니라면 아마 소다수일 확률이 높다.

영국 의사 에드워드 제너(1749-1823)는 1773년 자신의 고향 마을 잉글랜드 글로스터셔 주에서 개업했다. 2년 뒤부터 그는 천연두에 관심을 가졌는데, 이 고장에서는 우유 짜는 여자가 소의 천연두(우두 cowpox)를 앓은 뒤에는 인간 천연두에 걸리지 않는다는 사실이 알려져 있었다. 이 사실을 응용한 제너는 1796년 최초의 우두를 이 지방 소년에게 접종하여 성공을 거두었다. 제너는 블라섬이라는 젖소에게서 우두에 걸린 젖 짜는 여인 사라 넬메스의 손에 난 수포에서 고름을 긁어낸 다음, 접종용 침에 발랐다. 그는 이 침을 정원사의 8살난 아들 제임스 핍스의 양 팔에 찔러 소년에게 우두를 감염시켰다. 이후 제너는 핍스에게 여러 물질을 주사했으나 핍스는 어떤 감염의 징후도 보이지 않았다. 우두법이 탄생하는 순간이었다. 그리고 당연하게도 제너의 우두법은 당시 사람들의 엄청난 반대에 시달렸다. 우두를 접종받은 사람들이 소로 변하는 만화까지 등장할 정도였으니 (1802년) 우두 접종에 대한 사람들의 공포가 얼마나 컸는지 짐작하고도 남음이 있다. 그러나 이런 우여곡절 끝에 우두법은 전 세계로 퍼져갔다.

두창 또는 마마로 불리는 천연두는 영어로 스몰폭스(smallpox)이다. 원래는 그냥 폭스(pox)였는데, 매독을 그레이트 폭스(great pox)라 부르면서, 매독과 구별하기 위하여 스몰폭스가 되었다. 어린이들이 가끔 걸리는 수두는 치킨폭스(chickenpox)다. 닭과 무슨 관계가 있나? 천연두는 무시무시한 흑사병과도 구별하여 적사병이라고도 하였다.

종두법이 탄생한 순간.
역사화가 어니스트 보드가 그린 그림으로,
제너가 1796년 마을 소년에게 최초의 종두를 접종하는 장면이다.
제너는 우두에 걸린 젖 짜는 여인의 손에 난 수포에서 고름을 긁어낸 다음,
접종용 침에 바르고 이 침을 8살 소년의 양 팔에 찔러
소년에게 우두를 감염시켰다.

어쨌든 정말 무시무시한 바이러스성 질환이었다. 여기서 과거 시제를 사용한 이유는 1977년 이후 지구상에서 천연두가 완전히 박멸되었기 때문이다. 천연두는 인류가 최초로 박멸한 전염병이다. 제너 만세! 그런데 소의 흑사병이라 불리는 전염병이 있다. 한우는 걸리면 100% 치사율을 보였다고 한다. 우역이라는 이름이 붙은 이 전염병에 소가 걸리면, 침을 흘리고 악취 및 출혈 그리고 탈수증으로 죽었다. 조선 시대에도 우역이 있어, 몽골이나 일본에서 소를 수입했다는 기록이 있을 정도다. 백신을 만들어 꾸준히 소에 접종한 결과, 2011년 지구에서 우역 바이러스 역시 멸종하였다. 인류가 두 번째로 박멸한 전염병이다. 하지만 아쉽게도 인류 역사상 인류가 박멸한 바이러스는 단 두 개뿐이다.

천연두를 예방하기 위한 인류의 노력이 제너 이전에 없지는 않았다. 인두법이 그것이다(종두법에는 인두법과 우두법이 있다). 천연두 환자의 고름이나 딱지를 자신의 몸에 상처를 낸 다음 거기에 문지르거나 코로 흡입하여 후천 면역을 얻는 방법이었다. 약한 천연두에 걸리게 된 다음, 나으면 다시는 걸리지 않았다. 단 면역력이 약한 자는 사망했다. 살거나 죽거나 둘 중 하나였으니, 위험하기는 마찬가지였을 것이다. 그리고 제너의 우두법이 나옴으로써 인두법은 사라졌다. 차이점은 무엇일까? 인두법은 환자의 천연두 균을 직접 몸에 넣어서 면역을 만드는 방법이고, 우두법은 소의 천연두 균을 사람에 집어넣는 것이다. 천연두 바이러스와 우두 바이러스는 같은 과에 속하는 바이러스다.

그런데 소에서 빼낸 균을 인체에 넣어도 인체는 천연두 바이러스에 대한 면역을 갖게 된다는 것이다. 인체는 참으로 신비한 존재다.

우리나라에서도 인두법이 시행되었다. 다산 정약용(1762-1836)이 박제가(1750-1805)와 함께 인두법을 연구하고 시행하였다는 기록이 남아 있다. 공자왈 맹자왈보다 실학이 더 우수하다는 반증이 될 수도 있겠다. 이후 지석영(1855-1935)이 종두법을 시행하여 천연두의 공포로부터 백성들을 보호하였다.

18세기 전까지 유럽 지역에서는 해마다 40만 명이 천연두로 죽었으며, 시각 장애인 중 3분의 1은 천연두 때문에 시력을 잃은 사람들이었다. 성인 사망률은 20~60%였으며, 어린이 사망률은 80%에 육박하였다. 그러나 꾸준히 백신 접종을 한 덕분에 세계보건기구(WHO)는 1980년 천연두 박멸을 공식 선언했다.

최후의 천연두 자연 감염자는 1975년 방글라데시에서 발병한 2살 여아였다. 그런데 1978년 영국에서 실험실 감염이 일어나 두 명이 감염되고, 한 명이 죽었다. 그리고 책임자가 자살하는 사태까지 일어났다. 결국 천연두 바이러스 표본을 전부 파괴하고, 일부는 세계보건기구 지정 연구실로 옮겼다. 지정 연구실은 미국의 '질병통제예방센터(CDC)'와 러시아의 '바이러스 및 박테리아 전염매개체 국립연구센터'였다. 1986년 세계보건기구는 바이러스 파괴를 권고하였으나 미국과 러시아는 거부했고, 결국 2002년 세계보건기구가 손을 들었다. 현재도 미국과 러시아는 천연두 바이러스를 보유하고 있다. 불행히도 이

1802년 등장한 이 캐리커처는 영국의 풍자작가 제임스 길레이가 그린 것으로서, 제목은 「우두 또는 새로운 접종의 놀라운 효과!」이다. 길레이는 여기저기서 주워들은 헛소문들을 더욱 과장하여 우두 접종에 대한 신랄한 풍자화를 그렸다. 그림의 하이라이트는 그림 가운데 위쪽에 있는 작은 액자다. 거기에는 황금소를 제단에 세워놓고 그 주위에서 경배하는 사람들의 모습이 그려져 있다.

루이 레오폴드 부아이가 그린 파리에서의 천연두 예방 접종 그림이다(1807).

바이러스들은 백신 제작에 아무런 도움도 되지 못한다. 우리나라는 현재 천연두 백신을 맞을 수 없다. 그러나 질병관리청에서 3,500만여 명분의 천연두 백신을 보관하고 있다. 천연두는 아직까지도 치료법이 없고 백신을 맞는 것만이 유일한 방어 수단이다.

그런데 '백신', 우리가 지금 사용하는 백신이라는 단어는 누가 만들었을까? 제너는 라틴어로 소를 뜻하는 바카(Vacca)를 차용하여 사용했으며 파스퇴르가 백신(Vaccine)이라고 이름 지었다. 백신은 병원체를 약하게 만든 다음, 이것을 인체에 주입하는 예방주사를 말한다. 인체는 백신을 맞으면 항체를 형성하여 후천 면역이 생긴다. 병원체를 완전히 죽인 다음 만드는 사백신과, 병원체를 약하게 만들어 만드는 생백신이 있다.

백신의 역사를 잠깐 살펴보자. 18세기에 제너가 천연두 백신을 만든 이후 19세기에 백신이 많이 개발되었다. 닭 콜레라(1880, 파스퇴르), 광견병(1885, 파스퇴르·에밀 루), 파상풍(1890, 에밀 폰 베링), 장티푸스(1896, 에드워드 라이트·리차드 파이퍼·빌헬름 콜레), 림프절 페스트(1897, 발데마르 하프킨) 등의 백신이 만들어졌다. 그리고 20세기에는 훨씬 더 많은 백신이 개발되어 수많은 사람들을 죽음에서 구하였다. 2019년에는 평균 사망률이 50%에 달하는 에볼라 바이러스에 대한 백신이 승인되었다.

13. 촛불을 태우는 '그것'의 정체는?

- 탄산수를 발명한 남자, 산소를 발견하다

우리 인간뿐만 아니라, 지구상에 있는 거의 모든 동물과 식물은 산소를 호흡하면서 생명을 이어가고 있다. 생명이 정확히 무엇인지 아직 우리의 과학은 밝혀내지 못하고 있으나, 일단 산소가 없으면 생명체는 죽는다는 사실 정도는 알고 있다. 대체 왜 산소가 필요한 것일까? 잠깐 방향을 돌려 자그마한 기계를 생각해보자. 자동차가 어떨까? 작은 기계라고는 할 수 없지만 기계이니 상관없다. 자동차는 기본적으로 기름을 태워서 앞으로 간다. 엔진의 실린더 룸에 기름이 들어가고, 거기에 불이 붙으면서 기름이 폭발한다. 이 폭발력이 실린더 룸에 있는 피스톤을 밀어 올리고, 피스톤의 직선 운동이 여러 장치들을 통과하면서 바퀴의 회전운동으로 바뀐다.

자, 무엇이 자동차를 움직였는가? 기름인가? 불인가? 아니면 폭발인가? 폭발이 일어나면서 피스톤이 움직였고, 이것은 조금 고급 단어를 사용한다면 에너지다. 폭발 때 방출된 에너지가 피스톤을 밀어올렸다. 그러므로 어떤 것이 움직이려면 에너지가 반드시 필요하다. 식물도 동물도 인간도 마찬가지다. 살아 움직이려면 에너지가 필요하다. 우리 몸에서 뭔가를 분해하여 에너지를 얻으려면 산소가 필요하다.

인체는 탄수화물, 단백질, 지방 등을 분해하여, 정확히는 산화시켜 (이때 산소가 필요하다!) ATP라는 축전지를 만들어낸다. ATP(아데노신삼인산)야말로 우리 몸을 움직이는 건전지인 셈이다. ATP는 세포 하나하나에 도달하여 에너지를 공급한다. 인체는 하루에 자기 몸무게 정도의 ATP를 만들어낸다고 한다. ATP의 관점에서는 인체가 자신을 만들어내는 공장인 셈이다. 그런데 그 공장은 제품을 외부로 수출하지 않고, 자신이 전부 써버린다. ATP는 모든 생명체에 들어 있다.

산소는 원자번호 8번이며, 지구를 싸고 있는 대기를 이루는 두 번째 원소이다. 산소는 고원생대(25억 년 전~10억 년 전) 시절 처음 나왔다고 한다. 산소를 싫어하는 혐기성 생물의 대사 과정에서 부산물로 나왔다고 한다. 그래서 산소는 당시 생물들을 거의 전멸시켰다. 그러나 반대로 산소를 좋아하는 생물들은 살아남았다. 지금도 혐기성 생물들은 일부 살아 있다. 이들은 산소가 없는 곳에서 살아간다. 산소를 발견한 사람은 영국의 조지프 프리스틀리(1733-1804)이다. 먼저 플로지스톤에 대하여 알아보자. 물질이 타는 과정은 그 물질 속에 무엇인가가 있어서 연소 과정에서 이것이 소모되는 것이고, 이것이 전부 없어지면 연소가 멈춘다는 설이 있었다. 요한 베버(1635-1682, 의사이자 연금술사)의 제자인 게오르그 슈탈(1660-1734, 의사 겸 화학자)은 스승의 연구 결과를 물려받아서 물질이 타는 데에 꼭 필요한 원소를 '플로지스톤'이라 이름 지었다(1703년).

프리스틀리는 어떻게 산소를 발견했을까? 물론 단번에 발견한 것은 아니고, 몇 가지 과정이 있었다. 프리스틀리는 양조장에 우연히 들렀는데, 맥주를 만드는 통에서 거품이 나오는 것을 보았다. 그는 이 거품을 물에 통과시켰다. 그랬더니 톡 쏘는 음료가 탄생했다. 프리스틀리는 이산화탄소를 물에 녹여 탄산수를 발명한 것이다. 지금 전 세계적으로 다들 마시는 탄산음료의 효시다. 이제 그의 관심은 기체로 옮겨갔다.

1771년부터 프리스틀리는 실험을 시작한다. 먼저 불이 붙은 양초를 유리병에 넣고 밀봉하자 촛불이 금방 꺼졌다. 그는 밀봉한 유리병에 생쥐도 넣어보았다. 생쥐 역시 금방 죽었다. 프리스틀리는 식물도 유리병에 넣어보았다. 그런데 식물(박하를 이용했다고 한다)은 죽지 않았다. 왜? 아직 프리스틀리의 의문은 풀리지 않았다. 프리스틀리는 식물이 들어 있던 유리병에 촛불을 넣어보았다. 그랬더니 촛불이 꺼지기는커녕 더 잘 타오르는 것이 아닌가? 생쥐까지 넣어보았더니, 생쥐가 10분이 넘도록 죽지 않고 살아 있었다. 프리스틀리는 식물이 공기를 회복시키는 능력이 있음을 알아차렸다. 1781년 프리스틀리는 밀봉된

용기 속의 산화수은을 볼록렌즈로 가열하였고(산화수은은 250-300도 정도로 가열하면 분해되면서 산소를 방출한다), 여기에서 나오는 기체가 촛불을 훨씬 더 잘 타도록 하고, 생쥐를 오랫동안 살아 있게 하는 것을 발견했다. 프리스틀리는 산소를 발견한 것이다! 그러나 그는 이것을 '탈(脫)플로지스톤 공기'라 불렀다. 프리스틀리는 산화수은이 플로지스톤을 흡수하여 수은이 된 것으로 해석하여, 불을 잘 타게 하는 미지의 기체에 '탈플로지스톤'이라는 이름을 붙인 것이다.

스웨덴의 셸레(1742-1786)가 먼저 산소를 발견하였으나, 발표는 프리스틀리가 먼저 했다. 그리고 라부아지에가 이 기체에 '산소'라는 이름을 붙였다. 의미는 '산을 만드는 원소'라는 뜻이다. 물론 한글로 산소라고 하지는 않았다. 산소의 발견으로 라부아지에에 의해 플로지스톤설은 폐기되었다. 정작 산소를 발견한 프리스틀리는 플로지스톤설을 끝까지 믿었다. 비교한다는 것이 의미는 없지만, 라부아지에가 좀 더 과학적 통찰력이 있는 것으로 보인다.

산소는 지구 대기의 21%를 차지하고 있는 아주 중요한 원소다. 기체 상태에서는 모든 생명체들이 산소를 호흡함으로써 살아갈 수 있도록 해준다. 산소 기체는 냉각하여 액체 산소로 만들 수 있다. 우주로 발사되는 로켓의 액체 연료로 액체 수소나 등유가 사용되는데, 여기에 불을 붙이기 위해서는 산소가 필요하다. 바로 액체 산소다. 병원에서 일산화탄소나 기타 가스 중독자를 고압산소실에서 치료하는 경우가 있다. 산소를 1기압 이상으로 밀폐한 방에 환자를 넣어서

산소를 발견한 프리스틀리는
프랑스 혁명을 지지한 진보적인 과학자이기도 했다.
이 그림은 프리스틀리가 폭도들이 습격할 것이라는
소식을 듣는 장면을 묘사한 것으로,
어니스트 보드의 그림이다.

치료하는 것이다.

인간도 지구상에서 살아가는 생명체이며, 지구의 생명체들은 산소를 필요로 하는 방향으로 진화했다. 우리가 살기 위해서는 산소를 확보해야 하며, 그러기 위해서는 바다의 식물들과 육지의 식물들을 철저히 보호해야만 한다. 식물들이 아니고는 이렇게 지구의 대기에 산소를 공급할 방법이 없다. 상추를 먹기만 할 게 아니라, 보호도 해야 한다.

1789년, 바다 건너 프랑스에서 프랑스 대혁명이 일어났다. 프리스틀리는 자유주의자들과 함께 이를 지지하였으나 영국 대중은 그러지 않았다. 그는 권력은 국민에게 귀속되어야 한다는 주권재민 사상을 주장했고, 보수화한 영국인들은 이것을 용납하지 않았다. 에드먼드 버크라는 정치가가 쓴 프랑스 혁명에 대한 비판에 대해 프리스틀리는 반론을 펴냈다. 결국 1791년 7월 14일 폭도들이 프리스틀리를 비롯한 혁명동지회를 습격하였다. 앞의 그림은 바로 폭도들이 습격할 것이라는 뉴스를 프리스틀리가 듣는 장면이다. 그림을 보면 프리스틀리는 백개먼(backgammon, 주사위와 말을 움직여서 하는 서양의 보드게임)을 어떤 여인(아마 부인 메리일 것이다)과 함께 하고 있다. 프리스틀리는 이 소식을 듣고 런던 근교의 해크니로 피신했다. 습격으로 인해 그림에 보이는 책장이며 가구, 그리고 프리스틀리가 애지중지했을 과학 장비들이 모조리 파괴되었다.

결국 1793년과 1794년에 그와 전 가족이 미국으로 이주하였고,

프리스틀리는 존 애덤스(미국 1대 부통령 및 2대 대통령), 토머스 제퍼슨(미국 2대 부통령 및 3대 대통령) 등과 교분을 나누었으며, 필라델피아의 노섬벌랜드에서 사망하였다. 그의 집은 현재 미국 국립 사적지이다. 영국인이 미국에 와서 죽었고, 그 장소가 미국 국립 사적지라는 점이 약간 아이러니컬하다.

14. 유리판 아래,
마이크로 코스모스의 비밀을 엿보다

– 현미경을 만들어 정자와 백혈구를 발견한 '미생물학의 아버지' 레이우엔훅 이야기

사람은 호기심이 많은 존재다. 물론 동물들도 그렇지만 사람의 호기심에는 미치지 못한다. 잘 안 보이는 것을 기를 쓰고 보려고 하는 사람의 호기심은 고대부터 이른바 '렌즈'라는 것을 만들었다(기원전 7세기 무렵 아시리아 문명의 렌즈가 발견되었다고 한다). 유리는 기원전 15세기 이집 트에서 만들어졌다고 하나, 투명한 유리는 고대 로마에서 본격적으로 만들어지기 시작했다. 이후 사람들은 유리를 이용하여 이것저것 만들었고, 볼록한 유리가 물체를 크게 보이게 한다는 것을 발견했다. 볼록렌즈는 어떻게 물체를 확대시켜 보이게 할까? 렌즈를 통과한 빛은 굴절한다. 그리고 렌즈에는 초점이 있는데, 볼록렌즈는 물체가 초점거리 안에 있을 때(물체가 볼록렌즈와 가까울 때) 확대된 허상을 보여준다. 허상이라 해서 상이 없는 것이 아니다! 허상은 빛의 경로를 반

「레이우엔훅과 그의 현미경」.
레이우엔훅이 눈에 대고 있는 것이
그가 직접 만든 현미경이다.
레이우엔훅이 만든 최초의 현미경은
아주 작은 물방울 형태의
볼록렌즈 하나였다.

대로 따라갔을 때 생기는 상을 말한다. 즉 볼록렌즈를 물체에 가까이 대고 보면, 우리는 확대된 상을 볼 수 있다. 렌즈를 여러 개 조합하여 만들면 확대 능력을 키울 수도 있다.

145쪽 그림을 보면, 검은색 가발을 쓴 남자가 눈에 무엇인가를 댄채 깃털 펜으로 종이에 기록을 하고 있다. 그의 앞에는 작은 칼과 잘린 개구리 다리가 놓여 있다. 나무로 만들어진 상자에서 초록색 잎사귀가 삐죽 튀어나와 있고, 그 앞의 작은 유리병 속에는 또 다른 개구리가 한 마리 들어 있다. 잘린 다리로 미루어 보건데, 유리병 속의 개구리는 아마 다리가 아닌 다른 부위가 잘리지 않을까 추측된다. 그 옆의 커다란 유리병 속에는 물로 보이는 액체와 그 속에 절반 정도밖에 보이지 않는 생물체가 보인다. 하지만 낫처럼 생긴 기관으로 보아 상당히 커다란 수생 곤충으로 보인다.

이 그림은 어니스트 보드가 그린 「레이우엔훅과 그의 현미경」이라는 제목의 그림이다. 레이우엔훅이 눈에 대고 있는 것이 현미경이다. 우리가 알고 있는 현미경은 일반적으로 렌즈가 두 개(눈에 대는 접안렌즈와 물체 쪽에 있는 대물렌즈) 있는데 반해, 레이우엔훅은 유리로 된 렌즈 하나만을 사용하여 현미경을 제작했다. 그래서 저렇게 작게 만들어졌고, 눈에 대고 사물을 관찰할 수 있었다. 참고로, 레이우엔훅은 아주 작은 물방울 형태의 볼록렌즈를 만들었는데, 17세기 당시 세계 최고의 배율을 가지고 있었다. 무려 500배까지 확대해서 볼 수 있었다. 현미경으로 아주 작은 동물들을 발견한 그는 현재 '미생물학의 아버지'로 불리고 있다. 하지만 그는 자신의 렌즈 제작 비법을 무덤까지 가져갔고, 이 기술은 후대에 전해지지 않았다.

레이우엔훅은 부친이 일찍 사망한 데다 가난하기까지 해서 초등학교도 마치지 못했다. 그러나 친척의 도움으로 기본적인 공부는 할 수 있었다고 한다. 완전히 일자무식은 아니었던 셈이다. 15살 때부터 포목상에서 일을 한 그는 원단을 자세히 볼 필요가 있었고, 그래서 현미경을 만들었다는 일화가 있다. 현미경은 기본적으로 유리로 만든 렌즈를 사용한다. 유리는 투명하므로 반대편에 있는 사물을 우리가 볼 수 있게 해준다. 그리고 유리의 두께를 조절하여, 즉 볼록렌즈로 만들거나 오목렌즈로 만들면 두께가 다른 부분의 빛이 서로 다르게 굴절하여 우리는 작은 물체를 아주 크게 확대하여 볼 수 있다. 시청의 공무원이 된 레이우엔훅은 재정적으로 안정되었고, 닥치는 대로 주변의 물체들을 자신의 현미경 위에 올려놓고 들여다보았다. 그리고 그것들을 그림으로 그렸다. 그 결과, 1695년에 『현미경으로 밝혀진 자연의 비밀』이라는 4권짜리 책이 세상에 나왔다.

레이우엔훅은 영국의 로버트 훅(1635-1703), 독일의 라이프니츠(1646-1716, 뉴턴과 미적분학의 발견을 다투었던 바로 그 수학자이다) 등과 서신을 주고받았으며, 영국왕립학회의 회원으로 추대되었다. 초등학교도 제대로 못 나온 사람이 왕립학회 회원이 된 것이다. 뉴턴이 속해 있던 바로 그 단체이다.

영국왕립학회는 레이우엔훅에게 인간의 정자에 대한 연구를 의뢰

했다고 한다. 레이우엔훅은 정자를 구하기 위하여 자신이 희생(?)을 하였다. 자신의 정액을 자신이 만든 현미경으로 관찰한 것이다. 145 쪽 그림을 보면 현미경을 보며 뭔가를 기록하는 레이우엔훅 뒤에 여 인이 서 있다. 레이우엔훅은 첫 부인과 사별하고 1671년 코넬리아 스 왈미우스라는 여성과 재혼했다. 1670년대부터 그는 현미경으로 관 찰한 것을 영국왕립학회에 보냈으므로, 그림에 나오는 여인은 두 번 째 부인 코넬리아일 것이다. 레이우엔훅은 아주 친절하게도, 부인과 의 잠자리에서 그것을 구했다고 발표했다. 어쨌든 레이우엔훅은 정 액 속에서 아주 작은 동물들이 수천 개나 움직이고 있는 것을 발견 했다. 레이우엔훅은 수천 개라고 썼지만, 실제로 인간 남성의 정액 속에는 정자가 2억~5억 개 정도 들어 있다. 레이우엔훅의 현미경 배 율이 조금만 더 좋았다면 아마 며칠 밤을 꼬박 새워 숫자를 세야 했 을 것이다. 여기에 더해 레이우엔훅은 올챙이 꼬리를 관찰하던 중 혈 액이 순환하는 것도 발견하여 하비가 발견한 혈액순환 연구가 발전 되게 하였다. 하비가 발견하지 못한 모세혈관은 훗날 더 좋은 현미경 을 가지고 말피기가 발견하였다.

현미경의 발달로 인한 과학적 발견은 이루 말할 수가 없다. 세균 의 크기는 1~5마이크로미터 정도여서 맨눈으로는 볼 수 없지만 광학 현미경으로 볼 수 있고, 바이러스의 크기는 세균보다 50~100배 더 작은 200~300나노미터 정도여서 전자현미경으로만 볼 수 있다. 인 간이 눈으로 확인할 수 없는 세상을 현미경이 보여줌으로써 우리는

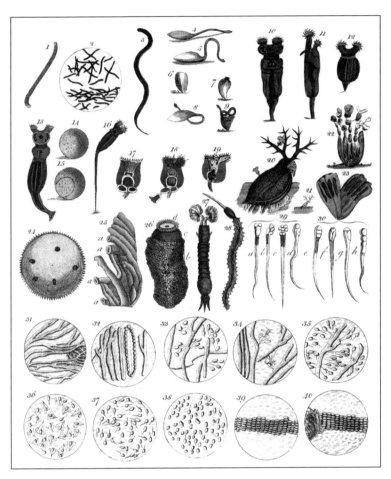

레이우엔훅이 그린 현미경 생물 그림.

질병의 원인이 무엇인지 정확히 확인할 수 있게 되었다. '신의 저주를 받았다'는 등 비과학적인 설명이 더 이상 먹히지 않는 시대가 된 것이다. 눈에 보이지 않는 것을 눈으로 본다는 것이 얼마나 대단한 일인지 다시 한 번 생각해봄직하다.

지금은 현미경이 엄청나게 발달하였다. 크게 나누면 광학현미경과 전자현미경으로 나눌 수 있다. 광학현미경은 말 그대로 빛을 이용하여 사물을 확대해 보는 현미경이다. 우리가 일반적으로 사용하는 현미경이 여기에 속한다. 레이저도 빛이므로 레이저 주사 현미경도 광학현미경 범주에 들어간다. 광학현미경은 배율을 올릴수록 물체의 선명도가 떨어진다. 물체가 흐리게 보이는 것이다. 빛은 파동성을 가지고 있으므로 회절을 한다. 회절이란 빛이 좁은 통로나 모서리에서 휘어져 뒤편까지 도달하는 현상이다. 거실을 밝게 하고 방을 어둡게 한 다음, 방문을 아주 조금 열면, 열린 문틈으로 들어온 거실의 빛이 퍼지는 것을 볼 수 있다. 이것이 회절이다.

회절이 일어나면 물체가 부옇게 보인다. 가시광선의 파장은 약 400나노미터에서 700나노미터 정도이므로, 파장의 절반인 200-350나노미터(0.2-0.35마이크로미터)가 광학현미경의 회절 한계다. 회절 한계보다 작은 물체는 또렷이 볼 수가 없게 된다. 이 단점을 극복하기 위하여 전자현미경이 개발되었다. 전자현미경은 빛 대신 전자를 이용하여 물체를 관찰할 수 있는 현미경이다. 전자는 입자인데 어떻게 파동처럼 물체를 관찰할 수 있을까? 드 브로이(1892-1987)가 발견한 물질파

이론에 의하여 전자 역시 파동성을 가지므로 빛처럼 물체를 관찰할 수 있다. 전자의 물질파 파장은 전자의 운동량에 반비례($\lambda = h/p$)하므로, 높은 가속 전압으로 전자를 발사하면 가시광선 대역보다 아주 짧은 파장을 만들어낼 수 있다.

전자현미경은 전자를 발사하여 물체에 맞추기 때문에 현미경 내부의 전자가 움직이는 통로의 진공도가 높아야 한다. 공기가 있으면 전자가 공기 분자에 부딪쳐 제대로 물체를 관찰할 수 없다. 전자현미경은 투과형과 주사형이 있다. 투과전자현미경은 전자를 물체에 투과시켜 상을 만들고, 주사전자현미경은 전자를 물체에 반사시켜 상을 만든다. 광학현미경은 2,000배 정도까지의 배율을 가지고 전자현미경은 시료를 수백만 배까지 확대해 볼 수 있다. 이제 인간은 아직 원자를 직접 볼 수는 없지만, 대단히 높은 배율의 현미경을 이용하여 거기에 원자가 있다는 것 정도는 알 수 있는 수준까지 왔다.

15. 가장 많은 인류를 죽인 바이러스, 정복당하다

- 말라리아 원충의 발견에서 치료제인 키니네의 개발까지

지금까지 사람을 가장 많이 죽인 질병은 무엇일까? 14세기 유럽 전역을 휩쓴 공포의 흑사병은 지금까지 3억 명 정도의 사람을 죽였다고 한다. 하지만 더 무서운 것이 있다. 흔히 독감이라고 부르는 인플루엔자이다. 지금까지 3억 5천만 명 정도를 사망케 했다고 한다. 지금도 독감은 우리 주변에 존재한다. 그래서 우리는 해마다 예상되는 독감 백신을 접종한다. 그럼 이제 더 없을까? 아니다! 천연두가 있다. 비록 지금은 인류가 퇴치한 바이러스지만, 거의 10억 명의 사람을 사망케 했다.

그러나 가장 무서운 질병은 이제 나온다. 바로 말라리아다. 우리는 '학질'이라 부른다. 최소 30억~50억 명 정도를 죽인 것으로 기록된 말라리아는 아직도 건재하다. 그 이유는 약은 있으나 백신이 없

기 때문이다. 지금도 전 세계에 2억 명 정도의 감염자가 있으며 매년 100만 명 이상이 말라리아로 죽고 있다. 인류의 공적 제1호 전염병인 셈이다. 그리고 말라리아가 잔인한 이유는 5살 이하의 아이들이 많이 걸리고, 치명적이기 때문이다. 그러면 말라리아는 과연 무엇일까? 말라리아 원충이라 불리는 단세포생물이 원인이다. 이 생물은 세균이나 바이러스와는 다르다. 현재 다섯 가지 원충이 알려져 있는데, 치명도는 전부 다르다.

다행스러운 점은 한국에 있는 원충은 비교적 약한 것이어서 약을 먹으면 되고 사망하는 경우도 거의 없다. 주로 아프리카에 있는 열대열 말라리아가 가장 치명적이어서 이 지역을 방문하고자 하는 사람은 반드시 약을 먹고 가야 한다. 말라리아 원충은 세균도 아니고 바이러스도 아니므로 우리 몸에 옮겨주는 매개체가 필요하다. 그런데 그 매개체가 하필이면 우리가 아주 싫어하는 모기다. 여름밤 모기가 앵앵거리면서 어두운 방을 돌아다니면 대부분의 사람들은 짜증이 머리끝까지 솟구칠 것이다. 시중에 나와 있는 모기 퇴치제가 그토록 많은 것도 이해가 된다.

말라리아를 옮기는 모기는 학질모기(말라리아에 감염된 모기)다. 학질모기가 사람을 물면 침샘에 있던 원충이 사람의 혈액 속으로 들어간다. 이제부터 시작이다. 원충은 일단 간으로 가서 성장한다. 그다음 적혈구를 공격한다(적혈구의 헤모글로빈을 먹어치운다). 이때부터 증상이 나타난다. 열이 펄펄 나는 것이다. 그리고 이틀이나 사흘 정도 쉬고, 다시 열이 반복된다. 적혈구를 먹어치울 때 열이 나고, 적혈구를 터뜨리면서 번식한 다음 세대는 또 간으로 숨어들고, 그러면 열이 내리고, 간에서 성장한 원충이 또 적혈구를 공격하고, 다시 열이 오르고, 이런 식으로 사람을 괴롭힌다. 감염된 사람을 다른 모기가 물면, 말라리아는 모기에게로 옮겨가고, 모기가 다시 사람을 물고, 사람은 감염되고……. 말라리아 예방법에 약이 아니라 모기장과 모기약이 있는 것이 이상할 수도 있으나, 모기를 때려잡는 것만이, 아니 모기에 물리지 않는 것만이 최선이다. 하지만 필요할 때에는 반드시 약을 먹어야 한다.

말라리아는 이탈리아어로, 말(Mal)은 '나쁜 또는 미친'의 뜻이라고 하고, 아리아(Aria)는 공기라고 한다. 19세기까지도 나쁜 공기가 말라리아를 옮긴다고 믿었다. 늪지에 가면 공기가 안 좋다. 그래서 나쁜 공기라는 병명이 붙었다고 한다. 늪지는 물이 많으니 당연히 모기가 번식하기에 최적의 장소다. 옛날 사람들도 정확히는 몰랐지만, 어쨌든 말라리아가 늪지와 어떤 식으로든 연관이 있다는 것은 알고 있었던 것이다.

우리나라에도 과거부터 말라리아가 있기는 있었다. 지금은 휴전선 근방에 있고, 그 근방의 군인들이 걸리기도 한다고 한다.

이렇게 인류를 위협하는 질병이니, 당연히 그것을 극복하기 위한 수많은 노력이 있었다. 1879년 프랑스 육군 군의관 샤를 라베랑(1845-1922)이 죽은 병사의 혈액에서 처음으로 말라리아 원충을 발견했다. 그러나 당시는 과학이 아직 미숙한 상태라 미생물학의 거장인 코흐(1843-1910, 탄저균과 콜레라균을 규명하였고, 1882년 결핵균을 발견하여 노벨 생리의학상을 받았다)조차 라베랑의 발견을 허무맹랑하다고 했으니, 할 말이 없다. 하지만 시간이 흘러 라베랑의 주장은 인정을 받았다. 그런데 라베랑은 이 작은 미생물이 어떻게 인체에 들어오는지에 대해서는 답을 하지 못했다. 기생충학자이자 스코틀랜드 의사였던 패트릭 맨슨(1844-1922)은 말라리아 원충을 가진 모기가 죽으면, 원충이 밖으로 나오고, 원충이 있는 물을 마시면 감염된다는 설을 내놓았다. 말라리아가 수인성 전염병이 된 셈이다. 이후 영국 의사인 로스(1857-1932)가 모기의 침샘에서 새에게 말라리아가 옮겨지는 것을 확인하였다. 그리고 이탈리아 의사이자 동물학자 그라시(1854-1925)가 모기(아노펠리스 모기)에서 흡혈을 통해 사람으로 전염된다는 것을 알아냈다. 그런데 1902년 노벨상은 그라시가 아니라 로스가 받았다. 그라시도 받았어야만 했는데, 결과적으로 로스와 그라시는 원수지간이 되었다고 한다. 조금 덧붙이면 라베랑도 1907년에 노벨상을 받았다. 말라리아가 얼마나 공포의 대상이었는지 상상이 된다.

말라리아 원충을 발견하기 한참 전인 17세기에 아메리카 대륙에서 선교 활동을 하던 예수회 사제들이 원주민들로부터 이상한 이야기를 들었다. 키나라는 나무의 껍질을 갈아서 마시면 말라리아에 효과가 있다는 것이었다. 예수회는 이 키나 껍질을 유럽으로 수출까지 하여 떼돈을 벌었다고 한다. 나무껍질이 거의 금값이었다니, 말라리아에 대한 공포를 다시 실감할 수 있다. 그러나 신교도(청교도)였던 올리버 크롬웰은 말라리아에 걸리고도 예수회(구교)의 약을 '악마의 분말'이라 부르며 안 먹겠다고 버텼고, 그 결과 죽었다. 이와 대조적으로 20여 년 뒤에 영국 왕이 된 찰스 2세는 이 요법을 받아들여 목숨을 구했다. 프랑스 왕 루이 14세 역시 아들의 병을 이것으로 고쳤으며, 자기에게 처방의 비밀을 알려준 절반은 사기꾼인 의사가 죽자 조제법을 공개하였는데, 그 내용은 장미꽃잎과 레몬주스, 그리고 키나나무 가루를 우려낸 것을 포도주에 타서 마시는 것이었다. 약효는 키나나무 가루의 유효 성분이 포도주의 알코올에 녹아 들어가 생기는 것이며, 장미와 레몬은 키나나무의 쓴맛을 조금이나마 중화시키려고 첨가한 것으로 보인다.

드디어 1820년 프랑스 약리학자 펠레티에(1788-1842)와 카방투(1795-1877)가 키나나무에서 말라리아 치료 성분인 키니네(퀴닌)를 분리하는 데 성공했다. 이들은 카페인도 발견하였다.

오른쪽 그림은 「키니네의 발견」이라는 제목으로, 어니스트 보드가 그린 그림이다. 펠레티에가 플라스크를 들고 있고 카방투가 의자에 앉아서 이를 지켜보는 장면이다. 배경에는 뒷방의 선반에 뭔가를 올리는 조수 같은 사람의 모습도 보인다. 펠레티에가 들고 있는 플라스크에 빨간색으로 표시가 되어 있다. 화가가 이것으로 키니네를 묘사했다고 보인다. 키니네의 발견은 19세기 초반인 1820년이고, 보드는 19세기 후반에 태어났으므로 당시의 장면이 아니라 보드가 과거

1820년에 프랑스 약리학자 펠레티에와 카방투가
말라리아 치료제인 키니네를 발견한 순간을 묘사한 「키니네의 발견」(1910).
키니네는 말라리아 백신은 아니지만, 인류에게 엄청난 타격을 입힌
말라리아 대책으로는 위대한 첫걸음이었다.

의 장면을 상상해서 1910년에 그린 그림이다.

키니네는 많은 사람을 구했다. 물론 단점도 있었다. 쓴맛이 너무 강해서 먹기 힘들었고, 임산부는 기형아를 출산하거나 심지어 유산을 할 수도 있었으므로 먹으면 안 되었기에 제2차 세계 대전 때 클로로퀸이 나왔다. 그러나 말라리아 원충도 가만히 있지는 않았다. 클로로퀸에 내성을 획득하였다. 그러다가 1972년에 중국의 약리학자 투유유(1930-현재)가 개똥쑥(칭하오菁蒿)에서 칭하오수(青蒿素)를 추출하였고, 이것으로 아르테미시닌(artemisinin)이라는 말라리아 치료제를 만들었다. 아르테미시닌은 효과도 좋았을 뿐만 아니라 값도 아주 쌌다. 우리나라에도 지천으로 널려 있는 쑥에서 추출한 것이니까. 이 공로로 2015년 투유유가 노벨생리의학상을 받은 것은, 다시 말하지만, 그만큼 말라리아에 대한 인류의 공포와 관심이 높다는 반증이다. 물론 말라리아와의 사투는 지금도 진행 중이다. 여전히 전 세계에서 12초에 1명씩 말라리아로 사망한다고 한다.

16. 여왕마마!
지구는 커다란 자석이옵니다

– 갈릴레이와 케플러에게 영향을 끼친 '자기학의 선구자' 윌리엄 길버트와 자석 이야기

시의(侍醫)의 사전적 의미는 다음과 같다. 궁중에서, 임금이나 왕족의 진료를 맡은 의사. 지금으로 말하자면 대통령 주치의 같은 자리다. 의사 중에서 가장 높은 자리는 아니지만, 의사 중에서 권력자와 가장 가까이 있는 의사다. 160~161쪽 그림을 보면 한 남자가 한 여자 앞에서 무언가를 하고 있는데, 남자는 서 있고, 여자는 앉아 있다. 게다가 여자는 깃이 높이 올라간 화려한 옷에 머리에는 관까지 쓰고 있다. 이로써 여자가 더 높은 사람이라는 것을 한눈에 알 수 있다. 여인은 영국의 엘리자베스 1세(1533-1603) 여왕이고, 남자는 윌리엄 길버트(1544-1603)라는 여왕의 시의다. 그런데 아무리 봐도 의사가 환자를 진료하고 있는 모습으로는 보이지 않는다. 대체 뭘 하고 있는 것일까?

어니스트 보드가 그린 그림으로,
윌리엄 길버트가 엘리자베스 1세 앞에서
자석을 시연하는 장면이다.

16세기 영국 여왕(정확히는 잉글랜드와 아일랜드 여왕) 엘리자베스 1세. 헨리 8세의 딸로, 어머니는 그 유명한 '천일의 앤(앤 불린)'이다. 앤 불린은 남편 헨리 8세에 의해 참수형을 당했으니, 엘리자베스 1세는 대단히 불행한 가족사를 가지고 있는 셈이다. 하지만 역경을 뚫고 잘 성장하여 자신의 이복누이 메리 1세가 자식 없이 사망하자 왕위를 물려받는다. 스페인 왕 펠리페 2세의 무적함대를 격파하여 가난했던 잉글랜드가 세계적인 제국으로 올라설 수 있는 기틀을 마련한 여왕으로, "짐은 국가와 결혼했다."는 유명한 말을 남겼다. 스페인 무적함대를 공격한 것은 영국 함대이나, 실제로 무적함대가 무너진 것은 퇴각하는 도중 만난 태풍 때문이었다. 어쨌든 엘리자베스로서는 행운이었다.

윌리엄 길버트는 의사로서 런던에서 개업을 하였으며, 나중에 엘리자베스 1세의 시의가 된다. 그런데 이 사람은 다방면의 학문에 호기심이 많은 성격이었다. 그리고 또 한 가지, 철학적 사고를 배격하고 실험에 의한 결과를 대단히 중시하는 사람이었다. 천문학을 연구했던 과학자들, 예를 들어 브라헤나 케플러조차 행성의 운동을 설명할 때, 우주에 가상의 사각형, 오각형, 육각형 등을 배치하여 항성과 행성들의 운동에 어떤 조화가 있다는 식으로 설명하였다. 그러나 길버트는 이런 생각을 배격하고 과학은 실험을 통해 결과를 만들어야 한다고 했으며, 이것을 받아들인 사람이 갈릴레이다. 무거운 물체와 가벼운 물체를 지면에 떨어뜨린다고 할 때, 철학적 사고(아리스토텔레스)는 무거운 것이 먼저 떨어질 것이라고 예측하지만, 실험적 사고는 실제로 두 물체를 떨어뜨려 보고 그 결과를 찾는다.

의사인 길버트는 처음에는 화학에 관심을 두었다. 그러나 당시의 화학이 연금술에만 매몰되어 있는 것에 질려 금방 그만두어버렸다. 그는 연금술을 환상에 빠진 허황된 것으로 치부하였다. 당시의 과학 인식 수준으로 볼 때, 길버트의 수준은 다른 사람들을 뛰어넘는다. 그는 곧 물리학으로 방향을 바꿔 전기와 자기 분야에 뛰어들었다. 1600년 총 여섯 권으로 된 『자석에 관하여』를 라틴어로 출판하였다. 참고로, 라틴어는 고대에서 중세까지 유럽에서 학술, 외교, 종교 등의 기본 언어였으며 지식인은 라틴어를 할 줄 아는 사람을 뜻했다.

길버트가 살았던 16세기 사람들은 나침반을 사용하여 바다를 항해하였으나 왜 나침반이 방향을 알려주는지는 몰랐다. 나침반의 원리를 간단히 알아보자. 먼저 지구가 있다. 그리고 사람들, 정확히 말하면 북반구 사람들이 자신들의 머리 위쪽을 북쪽이라 정했고, 그 결과 북반구 사람들이 보기에 지구의 위쪽이 북극, 아래쪽이 남극이 되었다. 나침반의 한쪽 바늘이 항상 북쪽을 가리키고, 다른 쪽은 항상 남쪽을 가리키는 것을 보고, 북쪽을 가리키는 나침반의 바늘을 N극이라 정했다. 북쪽을 가리키니까 N극! 자연스럽게 반대쪽 극은 S극이 되었다.

그런데 나침반은 작은 자석이다. 자석이니까 다른 자석에 끌리는 것이 당연하다. 사람들은 여기에 의문을 품었고, 지구의 북극에 거대한 자석이 있다는 둥, 북극성이 나침반을 끌어당긴다는 둥, 다양한 이론을 세웠다. 심지어 마늘이 자성을 약화시킨다는 둥, 자석으로 두통을 치료할 수 있다는 둥, 거의 미신에 가까운 사이비 과학이 판치고 있었다. 그러나 길버트는 이 모든 것을 부정하고 직접 실험을 하기로 하였다. 그는 천연 자석으로 지구를 본뜬 둥근 자석을 만들었고, 이것을 테렐라(Terella)라 불렀다. 테렐라 위에 나침반을 놓자 나침반은 북극을 가리켰고, 나침반의 위치를 옮기자 나침반의 바늘도 움직였다. 만약 북극성이 나침반을 끌어당긴다면, 북극성은 지구에서 너무 멀리 있으므로 나침반의 각도가 거의 변하지 않는다. 길버트는 이 실험으로 지구 역시 하나의 자석이라는 결론을 내렸고, 이것은 지극히 타당하다.

우리가 살고 있는 지구는 하나의 거대한 자석이며, 북극이 자석의 S극이고, 남극이 자석의 N극이다. 엥? 어째 슬슬 헷갈리기 시작한다. 나중에 과학이 더 발달하여 N극은 S극에 끌린다는 것을 발견하자 명칭에 혼란이 생기게 되었다. 나침반의 N극이 가리키는 곳이 북극인데, N극은 S극에 끌리니까, 결국 지구의 북극이 자석으로 치면 S극이 되어버렸다. 과학의 정의는 한 번 정하면 바꾸기가 대단히 어렵다. 만약 이제라도 지구의 북극을 N극이라고 고치면, 나침반이 전부 뒤집어져야 한다. 그냥 쓰는 게 낫다.

16세기는 과학이 막 태동하려 하는 시기였다. 길버트는 지동설을 옹호하였다. 프톨레마이오스의 천동설이 정설이고, 지동설은 이

단 취급을 받던 시기에 길버트는, 지구는 작고 지구를 싸고 있다는 친구는 엄청나게 큰 데, 큰 것이 작은 것의 주위를 도는 것이 합리적이냐며, 더 작은 지구가 도는 것이 이치에 맞다고 주장하였다. 참으로 타당하고 논리적인 사고다. 길버트는 1544년생이고, 갈릴레이는 1564년생이다. 길버트보다 20년 늦게 태어난 갈릴레이는 길버트의 『자석에 관하여』를 읽고 그 책의 실험들을 따라해보았다. 길버트의 책은 누구나 똑같이 따라서 실험을 할 수 있을 정도로 아주 자세히 기록되어 있었다. 이것이 진정한 과학자의 자세다. 우리는 갈릴레이를 '근대 과학의 아버지'로 칭하는데, 정작 갈릴레이는 길버트를 '실험 과학의 아버지'로 칭했다.

물론 길버트도 오류가 있었다. 길버트는 지구의 중력을 자력으로 해석하였으며, 이것은 케플러에게 영향을 주었다. 우리가 물체를 위로 던지면, 지구가 돌기 때문에 물체는 지구가 돈 만큼 뒤쪽으로 떨어져야 하는데, 지구의 자기가 물체를 잡고 있으므로 다시 그 자리에 떨어진다고, 케플러는 해석하였다. 지금의 과학으로 보면 틀린 말이기는 하지만, 당시의 과학으로 볼 때 케플러 역시 대단한 사고를 하고 있었다.

우리가 물체를 위로 던지면 물체가 그 자리에 떨어지는 이유는 우리와 물체가 같은 관성계에 있기 때문이다. 간단히 말해 우리와 물체는 이미 지구가 도는 속도(자전 속도)로 함께 돌고 있다. 지구의 자전 속도를 구해보자. 지구의 반지름은 약 6,400킬로미터이므로 지구 둘레는 약 4만 킬로미터 정도 된다(2πr). 우리와 지구는 하루 24시간 동안 한 바퀴 돌기 때문에, 4만 킬로미터를 24시간으로 나누면 시속 1,667 킬로미터가 된다. 엄청나게 빠르지만, 우리는 지구와 함께 움직이므로 전혀 느끼지 못한다. 그러므로 위로 던져진 물체 역시 지구의 자전 속도를 가지고 있으므로, 지구가 돌아간 만큼 물체도 움직여 간다. 그래서 다시 그 자리에 떨어지는 것이다. 만약 그렇지 않다면, 우리는 공짜로 세계 어디든지 갈 수가 있다. 서울에서 기구를 타고 창공으로 올라가자. 그리고 기다린다. 발밑에서 지구가 돌아 내 아래에 파리가 올 때까지. 그다음 다시 지상으로 내려가면, 파리 도착!

그러면 실험 정신이 투철한 길버트는 여왕 앞에서 무엇을 하고 있는 것일까? 그림을 자세히 보면, 길버트는 왼손에 하얀 종이를 들고 있고, 그 종이 위에는 몇 개의 갈색 물체가 놓여 있다. 그리고 오른손으로 무언가를 잡고 있다. 종이 위의 갈색 물체들은 금속(아마 철일 것이다)으로 추정되며, 오른손의 물체는 자석(아마 천연 자석인 자철석일 것이다)으로 보인다. 길버트는 여왕의 시의였으니 여왕과 자주 대면하면서 이런저런 대화를 나누었을 것이다. 그림의 길버트 뒤쪽 테이블 위에 나침반이 놓여 있다. 여왕은 나침반의 원리가 궁금했을 것이고(엘리자베스 여왕은 스페인을 견제하기 위하여 해양에 관심이 많았고, 프랜시스 드레이크 같은 해적도 적극 지원하였다) 길버트는 엘리자베스 1세 앞에서 자석에 대하여 설명하고 있다.

그러면 지구는 왜 자석일까? 지구 내부에 엄청나게 큰 자석이 들어 있을까? 길버트는 그렇게 생각했으나 아쉽게도 그것은 틀렸다!
현재 지구가 자석인 이유를 가장 잘 설명해주는 이론은 '다이나모
이론'이다. 지구는 지각, 맨틀, 핵으로 구성되어 있으며 핵은 외핵과
내핵으로 나뉜다. 지진파의 전달로서 알아낸 사실은 내핵은 고체이
지만 외핵은 유체라는 사실이다. 그리고 지구의 핵은 아주 무거운
물질, 철과 니켈로 이루어져 있다. 철과 니켈로 구성된 유체 상태의
외핵은 회전을 하고 있으며, 이것은 전류가 흐르는 것과 같다. 전류
가 흐르면 자기장이 생긴다. 이것이 지구 자기장의 원인으로 생각되
고 있다.

　만약 지구 자기장이 없다면 어떤 일이 생길까? 우주에서는 지구
로 무수히 많은 입자들이 쏟아져 들어오고 있고, 이 입자들은 대부
분 전하를 가지고 있다. 전하를 가진 입자가 자기장 속에 입사하면,
로렌츠 힘을 받아 옆으로 움직인다. 그래서 지구 자기장을 뚫고 우
리에게 쏟아질 수가 없다. 말하자면 지구 자기장은 지구상의 모든
생명체들을 외부로부터 안전하게 보호해주는 커다란 우산 같은 역
할을 하고 있다.

17. 기계를 움직이는
보이지 않는 손

- 산업혁명을 이끈 원동력이 된 와트의 증기기관과 엔진 이야기

현대 인류 문명, 특히 기계적인 문명을 이야기할 때, 우리가 가장 주목해야 할 것은, 물리학적으로 엔진이다. 우리말로는 기관이라 번역되는데, 때로는 기관차를 가리키기도 한다. 예를 들면 파이어 엔진(Fire Engine)은 소방차다. 왜 엔진에 주목해야 하는가? 기본적으로 기계는 움직여야 한다. 만약 움직이지 않으면, 그건 예술이다. 물론, 요즘은 움직이는 예술도 있지만. 기계가 움직이려면, 기계를 움직이게 할 수 있는 무엇인가 필요하다. 그것이 엔진이다. 엔진이 없을 때는 어떻게 했을까? 옛날에는 사람의 힘으로 해결했다. 로마 시대의 전함들은 돛을 달아서 바람의 힘으로 나아가는 배도 있었으나, 갤리선은 사람의 힘으로 노를 저어서 앞으로 나아갔다. 조선 시대 임진왜란 당시 거북선은 어떻게 움직였을까? 사람이, 수군이 거북선의 아

래층에 탑승하여, 거북선의 좌우에 나와 있는 노를 손으로 잡고 움직여서 거북선이 앞으로 나아갔다. 그리 놀랄 일도 아니다. 거북선에 엔진이 달려서 그 힘으로 움직였을 리는 없으니까.

그리고 동물의 힘도 이용하였다. 소에 쟁기를 걸어 소의 힘으로 밭을 갈곤 하였다. 자연의 힘을 이용하는 경우도 있었다. 떨어지는 물을 이용하여 수차를 돌리거나, 바람의 힘으로(풍차) 곡식을 빻기도 하였다. 이런 것들보다 조금 더 발달한 것이 신기전이다. 화약의 폭발력을 이용하여 화살을 멀리 날려 보낼 수 있었는데, 계속 동력을 공급하지는 못했지만 짧은 순간이나마 화살을 날리는 엔진이 있었다. 현대의 우주 로켓은 신기전과 이론적으로 완전히 똑같다.

1712년, 18세기에 들어와 당연히 외부에서 에너지를 공급해주어야 하지만, 그래도 스스로 움직이는 엔진이라는 것이 등장한다. 뉴커먼 대기압 엔진이라는 것이다. 제임스 와트(1736-1819)라는 이름과 그의 증기기관이 너무나 유명하여 '뉴커먼 엔진'이라는 단어조차 생소할 것이다. 광산의 물을 밖으로 퍼 올리는 용도로 사용된 토머스 뉴커먼(1663-1729)이 발명한 이 엔진은 석탄을 때서 끓인 물의 수증기를 이용하여 작동되었다. 바로 증기기관이다. 석탄이 너무 많이 사용된 것이 흠이라면 흠이지만, 뾰족한 대안이 없었으므로 영국과 유럽에서 수백 대가 사용되었다.

제임스 와트는 1736년 스코틀랜드에서 태어났고, 집에서 교육을 받았다. 아주 뛰어난 손재주를 타고난 와트는 손재주를 활용하여 공

증기기관을 개량하기 위하여 두 눈을 부릅뜨고 실험을 하는 제임스 와트의 모습을 제임스 에크포드 로더가 그린 「제임스 와트와 증기기관, 19세기의 여명」(1855).

업소를 차렸는데, 지금으로 치면 일종의 전파사 같은 것이었다. 집에서 텔레비전이나 오디오가 고장 나면 가서 고치는 곳 말이다. 와트는 사분의(항해 기구), 망원경, 기압계 등등을 고치다가 아예 글래스고 대학 안에 공업소를 차리고 천문학 기구들을 수리하게 된다. 그는 글래스고 대학의 교수 조지프 블랙(1728-1799)에 의해 증기기관에 관심을 가지게 되고, 독학으로 공부를 하였다.

1763년, 와트에게 기회가 찾아왔다. 대학 소유의 뉴커먼 기관이 고장 난 것이다. 당연히 수리는 와트의 몫이 되었고, 와트는 수리를 하였으나 실패한다. 여기서 그만두었다면 우리는 지금도 와트라는 이름을 모를 것이다. 1769년 와트는 뉴커먼 엔진을 대폭 수리하여 새로운 증기기관을 만들어내고, 이것이 와트의 증기기관이다. 그런데 여기서 다시 와트의 발목을 잡는 문제가 생겼다. 엔진은 기본적으로 실린더와 여기에 꼭 맞는 피스톤이 필요한데, 당시의 대장장이들은 와트가 요구하는 수준의 정밀한 실린더와 피스톤을 만들지 못했다. 다시 7년이 지났고, 와트와 동업자(정확히 말하면 돈 많은 동업자) 매튜 볼턴(1728-1808)은 당대 최고의 기술자 존 윌킨슨(1728-1808)의 도움으로 1776년 드디어 첫 제품을 만들어냈다. 와트식 증기기관은 대성공이었고 돈방석에 앉을 일만 남았다. 와트와 볼턴이 특허료로 너무 많은 돈을 요구해 광산업자들이 특허 무효를 요구하는 청원을 의회에 낼 정도였으니 말이다.

앞의 그림은 1855년 제임스 에크포드 로더(1811-1869)가 그린 「제임스 와트와 증기기관, 19세기의 여명」이라는 제목의 그림이다. 와트는 1819년 사망했으므로 이 그림은 그의 사후에 그려졌다. 와트가 어두운 방안에서 홀로 오른손에는 컴퍼스를 든 채, 고개를 돌려 자신이 개량하고 있는 증기기관의 프로토 타입을 바라보고 있다. 책상 위에는 빨간색으로 그려진 도면이 보인다. 증기기관은 위층과 아래층 두 층으로 나뉘어 있는데, 아래층에 빨간 불꽃이 보인다. 물을 끓이는 장치인 것 같다. 바로 그 위에는 실린더가 보이는데, 그 안에 피스톤이 있을 것이다.

와트는 뉴커먼 증기기관에 응축기를 첨가하여 개량하였다. 실제로 광산 현장에서 사용된 증기기관은 대단히 컸고, 그림에 보이는 장치는 말 그대로 프로토 타입이다. 옆에는 망치와 집게 등 관련 도구들도 널려 있다. 아마 생활하는 방이 아니라, 그의 공업소인 것 같다.

와트는 비록 증기기관의 발명자는 아니지만, 그만의 독창적인 아이디어로 와트식 증기기관을 만들었다. 그의 사후 증기기관을 사용한 철도가 등장하였으며, 면사의 대량 생산을 가능하게 한 뮬 방적기 역시 증기기관으로 작동하였다. 와트의 증기기관은 19세기 산업혁명을 이끌어낸 가장 중요한 기계다. 엔진을 사용하여 제품의 대량 생산이 가능해지면서 더 이상 사람이나 동물의 힘이 필요 없게 된 시대가 열렸다. 현재 물리학에서 사용되는 일률의 단위는 와트(Watt)이고, 이것은 제임스 와트의 이름을 딴 것이다. 우리 역시 생활에서 매일 와트를 접하고 있다. 집에서 쓰는 형광등이 몇 와트일까?

인간이 세운 문명은 기계 문명이다. 우리는 우리 힘으로 할 수 없는 것들을 기계에게 대신하게 한다. 그리고 기계가 움직이려면 엔진이 필요하다. 몇 가지 예를 들어보자. 냉장고가 돌아가려면 컴프레서(압축기)가 있어야 하고, 컴프레서에는 전기 모터가 들어간다. 이 모터가 엔진이다. 엔진은 기관으로 번역되고 모터는 전동기로 번역되는데 사실 둘은 같다. 다른 점이라면 엔진은 석유에서 나오는 기름으로 동작하고, 전동기는 전기로 동작한다는 점이다.

선풍기에도 전기 모터가 있다. 자동차나 기차, 항공기 그리고 선박이 움직이려면 역시 엔진이 필수다. 자동차의 엔진은 피스톤 엔진으로서, 실린더 속에서 피스톤이 움직이면서 자동차에 동력을 전달하는 방식이다. 요즘은 전기 자동차가 나왔는데, 이것은 순전히 배터리가 함께 있는 전기 모터를 장착한 것이다. 기차의 엔진은 무엇일까? 디젤로 움직이는 디젤 기관차가 있고, 디젤로 전기를 만들어 전기 모터로 가는 디젤 전기 기관차도 있다. 그렇다면 KTX는? 한국형 고속철도는 전기로 작동하는 모터로 움직인다. 그래서 기차 레일 위에 전선이 가설되어 있는 것을 볼 수 있다.

항공기는 조금 다르다. 항공기는 프로펠러가 있는 것이 있고, 없는 것이 있다. 초창기 프로펠러기는 자동차 엔진과 다를 바 없는 엔진을 장착하고 있었다. 엔진의 힘으로 프로펠러를 돌려 날아간다(요즘 프로펠러기는 자동차의 왕복 엔진이 아니라 제트 엔진과 결합된 프로펠러를 달고 있다). 그러나 프로펠러 비행기가 속도의 한계에 도달하자 사람들은 새로운 타입의 엔진을 만들어냈다. 제트 엔진은 프로펠러의 운동 같은 기계적인 운동을 제거하고, 연소시킨 고온 고압의 가스를 직접 배출하여 그 반작용으로 항공기를 날린다. 이제 항공기의 속도가 비약적으로 빨라졌다. 제트 엔진의 단점이라면 산소가 없으면 안 된다는 점이다. 그러나 필요는 발명의 어머니라고 했다. 제2차 세계 대전 중, 먼 곳의 적에게 타격을 주기 위하여 로켓이 발명되었다. 로켓 엔진은 자체 내에 산소를 탑재하고 있어서 공기라는 제약에서 벗어났다. 군대가 직접 가지 않고도 적에게 죽음의 공포를 선사하기에는 로켓보다 좋은 것이 없다. 로켓을 엔진으로 이용해 인간은 우주까지 진출했다. 그리고 지구상에 로켓을 이용한 대량 살상무기, 즉 미사일을 수십 만 개 쌓아놓고 있다. 여기에 거의 몇 만 개에 이르는 핵폭탄은 덤이다.

가장 무서운 엔진은 단연코 원자력 엔진이다. 원자로가 탑재된 엔진으로, 핵분열 때 나오는 열에너지로 터빈을 돌린다. 아주아주 작은 원자력 발전소라고 보면 된다. 원자력 잠수함은 거의 무한정한 핵에너지를 이용하여 바닷물을 담수화하고, 바닷물을 전기분해하여 산소를 얻는다. 일반 엔진은 끌 수 있지만 원자력 엔진은 끌 수 없다. 핵연료가 다 소모된다면 모를까, 자연적으로 일어나는 핵분열을 막을 방법이 없기 때문이다.

18. 세균학의 아버지,
자연발생설을 뒤집다

- 열정으로 똘똘 뭉친 노과학자 파스퇴르의 초상

　한 남자가 심각한 표정으로 투명한 유리병을 들고 바라보고 있다. 그림상으로는 정확히 무엇을 관찰하고 있는지 정확히 알 수는 없으나, 남자의 이름이 루이 파스퇴르(1822-1895)라고 하면, 짐작이 간다. 19세기 프랑스의 생화학자인 파스퇴르는 코흐(1843-1910)와 함께 '세균학의 아버지'라 불리는 인물이다. 세균학은 말 그대로 세균(박테리아)을 연구하는 학문이다. 레이우엔훅이 자신의 현미경으로 작은 미생물을 관찰한 것이 시초이며, 학문으로 정립된 것은 코흐가 탄저병의 원인 물질이 탄저균임을 규명한 1877년으로 잡고 있다.

　오른쪽 그림 속의 파스퇴르는 아마도 미생물에 관련된 무엇인가를 실험하고 있는 중이라고 추측할 수 있겠다. 유리병을 자세히 보면 윗부분은 하얀 솜으로 막아져 있고(외부 공기와의 노출을 방지하려는 목적

핀란드 출신 화가인 알베르트 에델펠트가 1885년에 그린 파스퇴르의 초상.
그해에 예순세 살의 노과학자 파스퇴르는 광견병 백신을 만들어냄으로써
오랫동안 인류를 괴롭힌 광견병과의 싸움에서 승리를 거두었다.

임이 분명하다), 뚜껑 밑에는 빨간색을 띤 무엇인가가 매달려 있다. 그리고 시험관 아래쪽에도 무언가 담겨 있다. 실험실답게 여기저기 유리병과 플라스크들이 널려 있으며, 그가 팔을 짚고 있는 책상 저편에는 노란색을 띤 기기도 하나 보이는데, 현미경 같다. 그런데 책상의 가장 우측에 보면 파스퇴르가 들고 있는 유리병과 흡사하게 솜으로 막아진 또 다른 유리병이 있고, 거기에도 빨간 무엇인가가 매달려 있다. 같은 실험을 위하여 여러 개의 시료를 준비한 것으로 보인다. 파스퇴르가 광견병 백신에 굉장히 매달렸다는 사실과 그가 광견병에 걸린 토끼의 척수를 말려서 광견병 백신을 만들었다는 사실을 조합해볼 때, 파스퇴르가 들고 있는 유리병 속의 빨간 무엇인가는 토끼의 척수라 짐작된다. 시험관 아래쪽의 하얀 덩어리는 건조제인 칼륨화합물이다. 파스퇴르는 광견병 백신을 만드는 실험을 하고 있는 중이다. 1885년에 핀란드 화가 알베르트 에델펠트(1854-1905)가 그린 그림이다. 파스퇴르는 1895년에 73세의 나이로 세상을 떠났으므로 이 그림은 그가 죽기 10년 전에 그려졌다. 우리가 잘 모르는 화가이지만, 에델펠트는 러시아 로마노프가의 마지막 황제 니콜라이 2세의 초상화도 그렸을 정도로 당시 잘나가는 화가였다.

파스퇴르는 에델펠트와 함께 열정적으로 이 그림에 매달렸고, 그림은 결과적으로 그가 대중으로부터 아주 긍정적인 평판을 얻는 데 크게 기여했다. 실용적인 컬러 사진은 파스퇴르가 세상을 떠나고 40년이나 뒤인 1935년이 되어야 세상에 나오므로, 당시에는 자신의 모습을 컬러로 남기려면 초상화가에게 의뢰하는 것이 유일한 방법이었고, 파스퇴르는 이것을 아주 잘 이용한 것으로 보인다. 시험관을 뚫어져라 바라보는 강렬한 눈빛에서 백신을 만들고야 말겠다는 그의 의지를 엿볼 수 있을 정도다.

파스퇴르는 파리고등사범학교(세계 최고의 학교다) 출신으로 원래는 화학을 공부했다. 처음에는 두각을 나타내지 못했으나 주석산(타르타르산으로 불리기도 하는 유기산으로서 과일, 포도주에 들어 있다)으로부터 광학이성질체를 발견했다. 그리고 생물학과 의학 분야로 진로를 바꾸었다. 19세기 프랑스에서는 닭이 콜레라에 걸려 떼로 죽어나가는 일이 벌어졌는데, 파스퇴르는 제너의 우두법을 듣고 닭콜레라 백신을 만들었다. 약한 콜레라균을 닭에게 주사했더니 닭이 더 건강해진 것이다. 그리고 파스퇴르는 멈추지 않았다. 거의 100퍼센트 사망에 이르는 병을 고른다면 에이즈와 광견병이다. 주변에서 광견병을 거의 본 적이 없는 우리로서는 조금 의아할 수도 있지만, 광견병은 바이러스성 인수공통 질병으로, 걸리면 거의 죽는다. 개나 고양이 등 거의 모든 포유류에게 발병하며 감염된 동물에 물리면 사람도 광견병에 걸린다. 물을 무서워하는 증상을 보이므로 공수병이라고도 한다. 산에 가서 야생 너구리를 만나면 절대로 피해야 한다.

파스퇴르 살아생전에는 바이러스를 볼 수 있는 현미경이 없었다. 바이러스를 볼 수 있는 투과전자현미경은 20세기인 1931년에야 만들어졌기 때문이다. 그래서 파스퇴르는 바이러스 확보에 애를 먹었다. 그런데 어느 날 파스퇴르는 그의 아주 뛰어난 조수 에밀 루의 실험 방법을 엿보게 되었다. 루는 광견병에 걸린 토끼의 척수를 건조시키고 있었다. 파스퇴르는 이 방법을 참조하여 광견병 백신 개발에 성공한다. 광견병에 걸린 토끼의 척수를 꺼내 소독한 후 이것을 말려서 백신을 만들었다(1885년). 파스퇴르는 1895년 사망했고 광견병 바이러스는 1932년에 처음 관찰되었다. 백신이 만들어진 지 40년쯤이 지나서야 바이러스가 모습을 드러낸 것이다. 과학자의 과학적 욕심에 비추어본다면 참으로 아쉬운 일이다. 현재는 광견병 백신으로, 뇌를 이용한 백신보다는 조직을 배양한 백신이 사용되고 있다. 광견병이 아주 적은 나라는 섬나라 아니면 아주 추운 나라들이다. 아무래도 동물들에게서 옮기기 때문일 것이다.

파스퇴르가 살던 시절에는 '자연발생설'이라는 가설이 득세하고 있었다. 지금의 관점에서 보면 완전히 엉터리다. 자연발생설은 생명체가 부모 없이 스스로 생길 수 있다는 설이며, 아리스토텔레스가 주장했다(이 양반은 안 끼는 데가 없다). 이 개념이 내려오다가 이탈리아의 의사이자 기생충학자인 프란체스코 레디(1626-1697)가 죽은 뱀의 사체에서 파리가 생기는 실험을 함으로써(파리가 낳은 알이 구더기로, 구더기가 번데기로, 번데기가 파리로 된다) 자연발생설을 부정하였다. 하지만 레디 역시 한계가 있었는데, 작은 기생충에 대해서는 자연발생설을 인정했다. 당시 자연발생설을 증명하는 실험도 행해졌는데 다음과 같다. 쌀가루에 기름과 우유, 땀에 젖은 셔츠를 항아리에 넣어 창고에 두면, 짜잔! 쥐

광학이성질체란?

잠깐 왼손과 오른손을 들여다보자. 무엇이 같고 무엇이 다를까? 손가락이 다섯 개 있는 것은 같지만, 손가락의 방향은 다르다. 왼손은 왼쪽부터 엄지, 검지 이런 순이고, 오른손은 오른쪽부터 엄지, 검지 이런 순이다. 거울에 비춰보면 왼손은 오른손으로 보인다. 하지만 한 손을 뒤집지 않고는, 왼손과 오른손을 결코 그대로 포갤 수 없다. 이것이 바로 광학이성질체이다. 화학 물질 중에 광학이성질체가 꽤 있는데, 이것을 좌선성, 우선성이라 구별한다. 제약에서는 이것이 아주 중요한데, 하나는 인체에 유익한 성질을 가지고 있고, 다른 것은 인체에 독성을 띠고 있는 경우가 있기 때문이다(모든 이성질체가 독성이 있는 것은 아니다). 잘못 먹으면 사망에 이를 수 있다.

예를 들어 인공감미료인 아스파탐은 이성질체인데, 하나는 설탕의 200배 정도의 단맛이 나고, 다른 하나는 쓴맛이 난다. 신경안정제이자 임산부의 입덧방지제로 쓰였던 탈리도마이드 역시 이성질체인데, 하나는 약리 작용이 우수하나 다른 하나는 임산부의 태아 기형을 유발한다(혈관 생성 억제). 1950년대 말부터 1960년대까지 유럽에서 판매되었는데(동물 실험에서는 약효도 부작용도 나오지 않았다. 역설적으로 페니실린은 인간에게는 기적의 약이지만 쥐에게는 사지 기형을 일으킨다) 이 약을 먹은 임산부들은 팔다리가 아예 없거나 물개처럼 팔과 다리가 짧은 아이를 낳았다(5년 동안 약 1만 명 정도의 기형아가 탄생하고 5,000명 이상이 사망했다고 한다). 제조 과정에서 두 개의 이성질체를 나누어야 하는데, 이것이 그리 쉽지 않다. 하나는 우수한 작용을 하고 다른 하나는 비활성이면 그냥 써도 상관없다. 하지만 다른 하나가 독성이 있으면 철저히 분리해야 한다. 이로운 이성질체만을 합성하는 비대칭 반응은 아직까지 현대 화학의 난제로 남아 있다.

가 자연발생한다(벨기에의 화학자 헬몬트라는 사람이 수행했다고 한다). 정말 놀라지 않을 수가 없다. 파스퇴르는 고기 국물을 외부 공기와 차단하면, 거기서는 아무것도 생기지 않는다는 것을 보임으로써 자연발생설을 확 뒤집어버렸다.

그러나 여기에도 과학적 문제가 있기는 있다. 자식에게서 부모로 계속 올라가면 언젠가는 가장 꼭대기까지 가게 되는데, 그렇다면 최초의 생명은 어디에서 왔을까? 최초의 생명이 어떻게 생겼는지에 대해서는 역시 '자연발생설'이 있다. 원시 지구의 대기를 구성했던 메탄, 암모니아, 수증기 등이 반응하여 단백질이 만들어지고, 단백질이 (우리는 아직 모르지만) 어찌어찌하여 생명체가 되었다는 것이다. 이 문제는 지금도 진행 중이다.

파스퇴르는 자신의 실험을 바탕으로 우유와 같은 액체를 가열해 그 안에 있는 미생물들을 없애는 방법을 고안해냈다. 이렇게 하여 저온살균법이 나왔고, 이것을 영어로 '파스퇴라이제이션'이라 한다. 100도 이하의 저온에서 음식물을 가열하여 그 안에 있는 병원균들을 부분적으로 살균하는 방법이다. 멸균법과 달리 균을 완전히 죽이는 것이 아니라, 병원균의 수를 줄이는 것이다. 이유는 음식을 100도 이상으로 가열하면 되돌릴 수 없을 정도로 물리화학적 변성이 생기기 때문이다. 예를 들어 밥은 쌀로 되돌릴 수 없고, 삶은 달걀은 두 번 다시 날달걀이 될 수 없으며, 한 번 구워진 등심 스테이크는 생고기로 돌아오지 않는다. 파스퇴르는 와인도 열처리를 했다. 그러자 일부 사람들이 열처리가 된 와인 맛을 비판했다. 전문가들이 열처리 와인과 비열처리 와인을 시음하고 평가했는데, 열처리 와인이 더 많은 표를 얻었다고 한다. 그러나 현재 와인은 파스퇴르식 살균을 하지 않고, 화학약품을 첨가하여 출시되고 있다(와인 라벨에 보존료라 표기되어 있는 무수아황산과 소르빈산이다).

그렇다면 바이러스와 세균(박테리아)은 무엇이 다를까? 가끔씩 혼동을 하는데, 바이러스와 세균은 완전히 다른 생명체이다. 크기도 완전히 다르다. 바이러스는 나노미터 단위이고 세균은 마이크로미터 단위로, 세균이 바이러스보다 훨씬 크다. 세균이 호두알 정도 크기라면 바이러스는 쌀알 크기다. 세균은 단세포생물로서 완전한 세포 구조를 가진다. 그러므로 환경과 먹이만 있으면 혼자서 증식할 수 있다. 그러나 바이러스는 완전한 세포가 아니라 유전 물질을 단백질이 감싸고 있는 형태이다. 그러므로 혼자서 증식하지 못하며 반드시 동물이나 사람 같은 숙주가 있어야 한다.

바이러스나 세균이 몸 안에 들어오면 병을 일으킨다. 그러면 우리는 치료를 해야 한다. 바이러스는 어떻게 퇴치할까? 백신을 맞는 방법과 항바이러스제를 투여받는 방법이 있다. 천연두는 천연두 바이러스가 일으킨다. 우리는 백신으로 이것을 물리쳤다(면역을 가지게 함으로써 인체가 스스로 이겨내는 방식이다). 항바이러스제는 바이러스를 파괴하는 것이 아니라 바이러스의 증식을 억제한다(역시 인체가 스스로 이겨내야 한다). 그러므로 만약 바이러스가 휴지기에 들어가서 조용히 있으면 효과가 없다. 대표적인 항바이러스제로는 독감 치료제, 간염 치료제(B형, C형), 에이즈 치료제 등이 있다. 그래서 감기에 걸렸을 때 병원에 가면 2주 정도면 낫지만, 집에서 혼자 버티면 14일 정도 끙끙 앓아야 한다. 그러면 낫는다. 신종플루 치료제인 타미플루 역시 항바이러스제이다.

그렇다면 세균은 어떻게 퇴치할까? 세균은 항생제로 치료한다. 항생제는 세균을 죽이거나 억제하는 작용을 한다. 대표적인 항생제가 페니실린(최초의 항생제)이다. 그러나 항생제는 바이러스에는 효과가 없으므로, 감기에 항생제 처방은 필요 없다(2차로 세균 감염이 염려되어 처방하는 경우가 있는데, 문제는 누구에게나 이렇게 처방을 한다는 것이다). 만약 항생제가 없다면? 공기 중에는 세균이 있다. 그것도 아주 많이 있다. 수술을 할 때, 아무리 열심히 소독을 해도 공기 중의 세균이 환부에 침투하는 것은 시간문제다. 그러므로 항생제가 없다면 수술 도중 죽는 사람의 수가 급증할 것이다. 치과에서 이를 빼다가 죽을 수도 있다. 폐렴, 결핵, 말라리아, 이질, 콜레라, 그리고 성병이 급속도로 증가할 것이다. 페니실린은 플레밍이 처음 발견했고, 대량 생산법은 플로리와 체인이 개발했다. 세 사람은 이 공로로 1945년에 노벨상을 받았다.

그런데 세균도 가만히 있지는 않았다. 페니실린을 파괴해버리는 세균이 등장한 것이다. 그래서 페니실린의 구조를 화학적으로 변경한 메티실린(합성 페니실린)이 나왔다. 그러자 더 무서운 세균인 메티실린 내성 황색포도상구균(MRSA)이 등장했다. 이것에 대항하는 항생제가 반코마이신(Vancomycin)이다. 그러나 반코마이신에 대항하는 세균이 다시 등장한다. 이름은 반코마이신 내성 장내세균(VRE)과 반코마이신 내성 황색포도상구균(VRSA). 그러나 우리는 다시 카바페넴을 만들어냈다. 이것은 VRSA도 죽일 수 있다. 그런데 카바페넴 내성 장내구균(CRE)이 발견되었다(우리나라 대학 병원에서도 발견되었다). 세균들은 서로 내성 유전자를 전달할 수 있는 능력이 있다. 그러므로 CRE가 VRSA에게 자신의 내성을 전달한다면, 카바페넴으로 VRSA를 죽일 수 없게 되고, 그다음에는 끔찍한 일이 벌어질 것이다. 현재 전 세계적으로 다중약물 내성 아시네토박터 바우마니균(MRAB)이 증가하고 있다고 한다. 불행히도 이것에 듣는 항생제는 아직까지 없다.

그러면 인간은 결국 세균 앞에 무릎을 꿇을 것인가? 그렇지 않다. 우리 몸은 면역이라는 엄청난 무기를 가지고 있다. 면역 체계가 제대로 작동하기만 한다면 MRAB를 죽일 수 있다. 항생제를 투여하지 않으면, 세균이 항생제를 만나지 않으면, 세균은 점차 내성을 잃어버리고 순한(?) 세균으로 바뀌고, 면역계는 이것들을 쉽게 무찌를 수 있다. 항생제 오남용에 대한 경고에 귀를 기울여야 하는 이유가 바로 이것이다.

19. 출혈 부위에
불 대신 실을 쓰다

- 실로 지혈을 시도한 앙브루아즈 파레와 근대 외과학에 대하여

"수술에는 다섯 가지 직무가 있다. 비정상적인 것 제거하기,
탈구된 것 복원하기, 뭉쳐 자란 것 분리하기, 분리한 것 통합
하기, 자연의 실수 바로잡기가 그것이다."
- 앙브루아즈 파레

중세 시대에 내과의사는 가톨릭 사제들이 겸했으나, 피를 보는 외
과는 사제들로부터 천대를 받았다. 그래서 칼을 잘 다루는 이발사
들이 외과 수술을 했다. 그 후 근대에 들어와 외과가 제대로 대접받
으면서 외과는 전문적인 의사들의 시대로 접어든다. 오른쪽 그림은
전장(1552년)에서 부상당한 군인을 치료하는 모습을 어니스트 보드
가 그린 것이다. 천막이 쳐져 있는 아래, 눈을 가린 병사가 의자에 앉

1552년 전쟁터에서 절단 수술을 할 때
실을 이용하여 지혈을 하고 있는
앙브루아즈 파레를 그린 그림이다.

아 있다. 그의 왼쪽 다리에는 큰 상처가 있고, 흐르는 피는 나무통으로 떨어진다. 빨간 모자를 쓴 이발사이자 외과의인 앙브루아즈 파레(1510-1590)가 동료로부터 톱을 받아들려고 한다. 그 옆의 검은 모자를 쓴 남자는 안경을 조절하면서 병사의 상처를 들여다보고 있다. 그림을 자세히 보면 병사의 왼쪽 무릎 위에 뭔가 감겨 있음을 알 수 있다. 파레는 절단 수술을 할 때 실을 이용하였다. 불행하게도 병사의 다리가 더 이상 복구되지 않는 상태임을 판단한 파레는 실로 무릎 위를 감아 출혈을 막은 다음, 톱으로 다리를 절단할 예정이다. 그림 어디에도 수혈을 하는 모습은 보이지 않는다. 출혈을 막지 않고 다리를 절단할 경우, 십중팔구 환자는 사망할 것이다. 한 가지 덧붙이자면, 이때는 마취제가 없던 시절이므로 병사는 이를 악물고 고통을 참아내거나 아니면 술에 취해 있을 것이다.

앙브루아즈 파레는 가난한 집에서 태어났는데, 집의 경제 상황을 돕기 위하여 동네 이발소에서 이발 기술과 더불어 어깨너머로 외과 수술을 배웠다. 장성한 후 그는 파리의 외과 병원에서 근무했다. 라틴어를 못 배운 파레는 책을 읽지는 못했으나 오직 열정만으로 의학에 대하여 배워나갔다.

15세기 서양에서는 총이 등장했다. 총의 등장으로 전쟁의 양상은 완전히 바뀌게 된다. 칼과 활로 싸우던 것이, 이제는 먼 거리에서 서로 총을 쏘아대게 되었다. 그 결과 부상자들의 상처도 달라졌다. 총알이 신체를 관통해버리면 그나마 다행이었다. 몸 안에 총알이 남아 있으면 외과적 수술이 아니고서는 제거할 방법이 없었다. 이제는 군의관이 전쟁의 필수 요소가 되었다. 1536년 제6차 이탈리아 전쟁에 처음으로 참전한 파레는 다양한 총상 환자들을 접하게 되었다. 당시의 총상 치료법은 상처에 끓는 기름을 부어 '소독'을 하는 방식이었다. 화약의 독을 제거한다는 명분이었다. 부상병들은 부상의 고통에 더하여 끓는 기름이 주는 고통까지 떠안게 되었고, 환자들의 처절한 비명에 군의관들 역시 고역이었다. 파레 역시 끓는 기름을 부어 총상을 입은 부상병들을 치료하다가 그만 기름이 떨어지고 말았다. 파레는 궁여지책으로 예전에 자신이 만들어 사용하던 달걀 노른자와 장미 기름, 소나무 기름을 섞은 연고를 총상을 입은 군인들에게 발라주었다. 다음날이 되자 기름을 부었던 환자들보다 자신의 연고를 바른 환자들의 상태가 훨씬 더 좋아졌다. 효과가 있었던 것이다. 이때부터 파레는 끓는 기름 요법을 버렸다. 이것은 그뿐만 아니라 군인들에게도 아주 좋은 치료법이었다. 1542년 제7차 이탈리아 전쟁, 그리고 1551년 제8차 이탈리아 전쟁에 연속으로 종군한 파레는 마지막 전쟁에서 지혈법을 터득했다. 그전까지는 출혈 부위를 불로 지져 지혈을 했는데, 파레는 실로 혈관을 묶는 '혈관결찰술'을 이용한 것이다(알렉산드리아 외과의들이 사용했다고 전한다). 이 방법은 오늘날도 외과에서 기본으로 사용되는 의술이다. 그리고 붕대를 직접 고안하여 항상 깨끗한 붕대로 상처를 싸매도록 조치했다. 비록 학교는 다니지 못했지만 전쟁을 통해 유명해진 파레는 신분이 낮음에도 불구하고 의대 교수가 되었으며 프랑스 왕 앙리 2세, 프랑수아 2세, 샤를 9세, 앙리 3세의 주치의로 봉직했다. 파레는 외과 수술과 현대법의병리학 및 특히 상처 치료에서의 수술 기법과 전장(battlefield) 의학의 선구자이다. 또한 해부학자였고 몇 가지 수술 도구도 발명했다. 그리고 당연히 파리 이발사 길드의 회원이었다.

우리는 종종 액션 영화에서 주인공이나 악당이 총에 맞거나 칼에 찔린 후, 아무도 없는 곳에서 혼자 상처를 치료하는 장면을 보곤 한다. 거의 대부분의 영화에서 부상자는 칼(어째서 다들 칼을 가지고 다니는지는 모를 일이다)을 불에 가열한 다음, 상처에 대고 지진다. 그리고 얼굴에서는 땀이 비 오듯 흐르며 온갖 고통스런 표정을 짓는다. 파레 시절, 뜨겁게 달군 쇠로 상처를 봉합하는 경우, 출혈을 막지 못할 뿐더러 환자가 쇼크로 사망하는 경우가 다반사였다. 파레는 실로 묶는 기술을 위하여 '까마귀 부리'라는 것을 만들었고, 이것은 현대 지혈 방법의 기초가 되었다. 파레는 1545년『총상 치료법』을 저술하였으며, 1564년『수술에 관한 치료』라는 책에 절단 수술을 하는 도중 출혈을 막기 위해 까마귀 부리를 어떻게 사용해야 하는지 자세히 서술하였다. 앞의 그림을 보면 부상병의 무릎 바로 위를 실로 단단히 묶어놓은 것을 볼 수 있다.

팔다리가 절단된 사람들도 가끔씩 없는 사지에서의 고통을 느낀다. 일명 '유령 통증'이라 하는데, 파레는 이것에 대하여 잘린 부분이 아니라 뇌에서 그렇게 느낀다고 믿었는데, 이는 현대 의학의 의견과 일치한다. 16세기의 이발사가 이 정도의 의학적 통찰력이 있다니 정말 놀랄 일이다.

파레가 처음 섬긴 왕은 앙리 2세인데, 1559년 사건이 일어났다. 앙리 2세는 '기사왕'이라는 별명이 있을 정도로 스포츠를 즐겼다. 장녀 엘리자베트와 여동생 마르그리트의 결혼이 한 날 동시에 이루어졌다. 너무 기분이 좋았던 왕은 자신의 부하인 몽고메리 백작(당시 19살이었다고 한다)과 마상 창 시합을 했고, 부러진 창 조각이 얼굴에 쓰고 있던 면갑 틈으로 들어와 왕의 눈을 찔렀다. 당대 최고의 의사였던 파레가 불려왔고, 덩달아 베살리우스(근대 해부학의 아버지라 불리는 의학계의 거물이다)까지 왔다. 파레는 사형수 6명에게 비슷한 부상을 입힌 다음 수술 연습까지 했으나, 앙리 2세는 부하를 용서하고 열흘 동안 고통받다 40살의 나이로 결국 사망했다.

파레가 남긴 유명한 말이 있다. "나는 붕대를 감았고, 치료는 신이 했다." 파레는 겸손한 성격이었다고 한다. 그래서 이런 말을 남겼을 것이다. 현대 과학의 관점에서 파레의 말을 고치면 이렇게 된다. "나는 붕대를 감았고, 치료는 인체가 스스로 했다." 현대 의학에서 완전히 고칠 수 있는 병은 열 가지 정도라고 한다. 그러므로 인체가 스스로 잘못된 부분을 수정 복원하는 것이다. 인체는 참으로 신비한 존재다. 이런 인체가 원활히 움직이려면 온몸 곳곳에 피가 흘러야 한다. 피는 세포로 산소와 영양분을 운반해주고, 세포로부터 노폐물을 다시 받아서 가져온다. 약 3분의 1 정도의 혈액을 잃으면 인체는

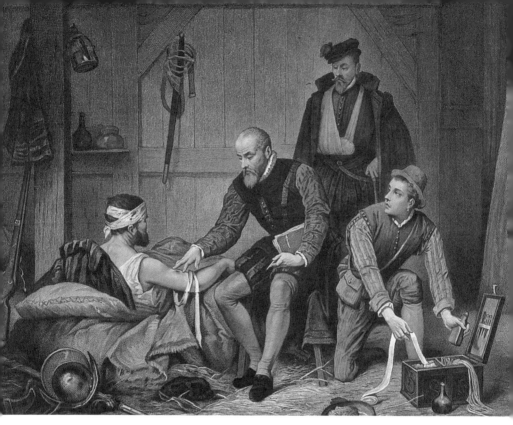

19세기 벨기에 화가인 함만이 그린 유화를 클로드 마니고가 채색 판화로 제작한 앙브루아즈 파레의 모습.

사망한다고 한다. 신체의 어느 부분에서 출혈이 시작되면, 그 부분의 심장에 가까운 쪽을 묶어야 한다. 묶인 반대편은 피가 흐르지 않으므로 시간이 지나면 세포가 괴사하고, 그 부분의 신체는 못 쓰게 된다. 그러나 이렇게 하지 않으면 생명을 잃을 수가 있다.

이렇듯 중요한 지혈에 대해서 몇 가지 알아보자. 가장 간단한 방법은 직접 출혈 부위를 압박하는 것이다. 천 따위를 상처에 대고 손으로 꽉 누르면 된다. 피가 계속 나오면 그 위에 천을 덧대고 더 강하게 누른다. 심장이 피를 펌프질하므로 상처 부위를 심장보다 높게 위치하는 것도 중요하다. 그래도 피가 멎지 않으면 상처 부위로 연결되는 동맥을 찾아 누르는 방법도 있다. 동맥을 직접 압박하므로 효과는 좋으나 문제는 동맥을 찾아야 한다는 점이다. 아울러 계속하면 이 동맥에 연결된 다른 신체 기관들에 피가 공급되지 않으므로, 더 큰 문제가 발생할 수도 있다. 피가 멎으면 즉시 멈추어야 한다. 현실에서는 실을 가지고 다니는 경우가 거의 없으므로 보통 손수건을 이용하거나 옷을 찢어서 상처 근처를 묶는다. 이것을 지혈대라 하는데, 상처 윗부분을 지혈대로 묶은 다음, 막대기를 지혈대 위에 놓고 다시 묶는다. 그런 다음 막대기를 돌려 지혈대를 죈다. 지혈대 역시 오래 놓아두면, 여기에 연결된 지혈대 하부 신체 기관들이 괴사할 수 있다. 이렇게 되면 신체를 절단할 수밖에 없으므로, 지혈대에 묶은 시간을 표시해두는 것이 바람직하다. 병원에서 수술을 하면 당연히 출혈이 생긴다. 이때 의사는 동맥을 묶어서 출혈을 잠시 지연시킨다. 지금은 혈관을 결찰할 수 있는 클립을 주로 사용한다.

20. 이카루스의 꿈,
베르사유 하늘에서 이루어지다

– 라이트 형제보다 먼저 하늘을 날았던 몽골피에 형제의 열기구 이야기

  기구가 하늘로 올라가고 있고, 지상에는 수많은 사람들이 이 광경을 지켜보고 있다. 그림 뒤쪽으로는 웅장한 베르사유 궁전이 보인다. 196~197쪽 그림은 1783년 승객(?)을 태운 최초의 기구 비행을 그린 것이다. 몽골피에 형제는 프랑스의 제지업자였다. 형 조제프는 우연히 불을 피워 그 연기를 집어넣으면 주머니가 공중에 떠오른다는 것을 알았고, 동생 자크를 찾아가 이 아이디어를 바탕으로 기구 제작을 시작하였다. 1782년부터 실험을 시작한 형제는 열기구를 만들어 2킬로미터 정도까지 날리는 데 성공했다. 그러자 소문이 나기 시작하여, 국왕 루이 16세의 귀에까지 들어갔다. 드디어 몽골피에 형제의 열기구는 베르사유 궁전 앞에서 루이 16세와 왕비 마리 앙투아네트, 그리고 13만 명의 군중 앞에서 시연을 하게 되었다.

뜨거운 공기가 기구를 띄운다는 원리는 몰랐던 몽골피에 형제는 냄새가 고약한 기체가 기구를 띄운다는 생각에 땔감과 양털 등을 태워 그 연기를 커다란 풍선에 집어넣었다. 그리고 승객이 있었다. 루이 16세는 죄수를 태우라고 하였으나 위험성과 산소 부족 문제를 들어 형제는 반대했다. 그 결과 수탉과 오리, 양을 태우고 지름이 9미터에 달하는 기구는 두둥실, 하늘로 날아올랐고 3.2킬로미터나 날아감으로써 비행은 대성공을 거두었다. 게다가 기구에 탑승한 동물들도 전혀 다치지 않았다. 단지 닭이 출발 전에 양에게 발길질을 당한 것이 전부였다고 한다.

드디어 인간은 물체를 하늘 높이 날려 보내 안정적인 비행을 할 수 있는 기술을 확보하게 되었다. 두 달 뒤 필라트 로제와 프랑수아 달라드가 탑승한 기구 비행 역시 성공하였으며, 프랑스는 이때부터 본격적으로 기구 개발을 지원하기 시작했다. 몽골피에 형제는 아쉽게도 고소공포증이 있어 기구에 타지 못했다고 한다. 이후 자크 샤를(1746-1823)이 수소를 채운 기구로 비행에 성공했다. 자크 샤를은 아마도 수소가 공기보다 가볍다는 것은 알고 있었으리라 보인다. 그래서 수소를 사용했을 것이다. 중학교 과학 책에 샤를 법칙(온도가 올라가면 기체의 부피는 증가한다는 법칙)으로 나오는 바로 그 샤를이다.

6년 후인 1789년, 프랑스 혁명이 일어났다. 1791년 루이 16세는 가족과 함께 프랑스를 탈출하다 국경에서 붙잡혀 되돌아온다. 1792년 수립된 프랑스 제1공화국은 다음 해인 1793년 루이 16세와 마리 앙

1783년 9월 19일 베르사유에서 있었던 비행 실험을 묘사한 그림으
로, 루이 16세 및 왕실 가족들과 13만여 명의 관중들이 이 역사적인

순간을 지켜보았다. 몽골피에 형제가 만든 열기구가 최초로 하늘을 날았다.
하지만 아쉽게도 탑승객은 인간이 아니었다.

투아네트를 단두대에서 처형하였다. 열기구를 날려 보낸 왕은 이렇게 생을 마감했다. 하지만 루이 16세는 1783년 몽골피에 형제의 아버지 피에르에게 귀족 작위를 수여하였고, 그리하여 드 몽골피에는 세습 호칭이 되었다.

사람은 땅을 걸어다닐 수도 있고 뛰어다닐 수도 있다. 물에서 헤엄을 칠 수도 있다. 나무를 기어 올라갈 수도 있다. 하지만 하늘은 날지 못한다. 그리스 신화의 이카루스는 밀랍으로 붙인 새의 날개를 달고 하늘을 날았으나 추락해서 죽었다. 인간의 하늘에 대한 열망을 엿볼 수 있다. 이후로도 많은 사람들이 날개 비슷한 것을 몸에 달고 비행을 시도하였으나, 결과는 대부분 사망 아니면 중상이었다. 몽골피에식 열기구를 이용하여 최초로 비행한 로제 역시 자기가 만든 로제식 기구를 타고 영국 해협을 건너려다 동료와 함께 추락사했다. 많은 남자들과 여자들이 기구를 타고 비행하였으며, 낙하산을 메고 기구에서 뛰어내리기도 했다. 1849년 오스트리아군은 베니스를 공격하기 위해 폭탄을 실은 무인 기구를 날려 보냈다고 한다. 이런 좋은 것을 인간이 전쟁에 안 쓸 리가 없다. 1870-1871년 프러시아가 파리를 포위 공격할 때, 파리는 기구에 긴급 정보를 담아 외부로 날려 보냈다.

기구는 한마디로 말하면, 공기보다 가벼운 기체를 이용하여 하늘을 나는 도구다. 공기는 5분의 4가 질소 기체(질소의 분자량은 28)이고, 5분의 1이 산소 기체(산소의 분자량은 32)이므로 평균 분자량은 29정도다

[(28×4+32×1)÷5=28.8이므로 약 29로 볼 수 있다]. 아보가드로의 법칙에 의해, 모든 기체는 이론적으로 같은 온도, 같은 압력에서 같은 수의 입자가 같은 부피를 차지하고 있으므로, 분자량이 29보다 작은 기체는 기구에 사용될 수 있다. 그러므로 수소(H₂, 분자량 2), 헬륨(He, 원자량 4), 네온(Ne, 원자량 20)은 기구에 사용될 수 있다. 그러나 네온은 공기 중에 약 0.002% 존재하므로 구하기 힘들다(공기를 액화시킨 다음 분별 증류하여 얻는다). 보통은 수소(물을 전기분해하면 나온다)와 헬륨(천연가스에서 분리하는 것이 가장 많다), 이 두 가지를 사용하는데 수소는 폭발성이 있어서 위험하지만 가격은 폭발성 없는 헬륨이 10배 정도 비싸다.

반면에 열기구는 기체를 넣는 기구와 달리 기구 속의 공기를 가열하여 공중에 뜨는 기구를 말한다. 풍선 아래 사람이 탑승하는 캡슐에 버너 같은 가열기가 장착되어 있다. 그러나 몽골피에의 기구는 가열 장치는 없고 대신에 가열된 공기를 집어넣었으므로, 초보적인 열기구이다.

기구와 약간 다른 타입의 하늘을 나는 기구로 비행선이 있다. 기체를 채운 기구에 이동을 위한 동력 장치가 붙어 있다. 1937년 나치 독일의 비행선 〈힌덴부르크〉호가 착륙 도중 폭발하여 수십 명이 사망했다. 원인은 정확하게 밝혀지지는 않았지만, 결과는 비행선의 수소 기체가 폭발한 것이다. 〈힌덴부르크〉호는 헬륨을 넣기로 되어 있었으나, 미국이 헬륨을 수출 불가 품목으로 지정하는 바람에 독일은 수소를 넣었다. 이후 비행선 사업은 급격히 기울었으며, 이제는 헬륨만을 넣게 되어 있다.

우리나라 특전사에서도 기구 강하를 실시한다. 520킬로그램 기구
에 헬륨 기체 1.5톤을 넣어 300미터 상공으로 띄운다. 기본 공수 교
육 4회 중 2회를 기구에서 낙하한다. 날아가는 항공기에서 뛰어내리
는 것보다 조용한 기구에서 뛰어내리는 것이 더 무섭다고 한다. 이걸
마치면 군복 왼쪽 가슴에 기본강하 휘장, 이른바 '공수마크'를 달 수
있다.

21. 번개 치는 날의 연날리기

- 번개의 정체를 밝힌 벤저민 프랭클린과 피뢰침의 원리

벤저민 프랭클린(1706-1790)은 이름만 들어도 알 만한 사람은 다들 아는 유명한 인물이다. 미국 건국의 아버지들 중 한 명으로, 정치가 라고 분류하는 것이 맞으나 과학에도 이바지한 바가 있다. 호기심이 아주 많은 인물이었음이 분명하다. 그는 다초점렌즈도 발명하고(나이 들어 눈이 잘 안 보여서 만들었다고 한다), 일명 '프랭클린 스토브'도 발명했다(벽 난로로서 미국 영화에 잘 나온다). 그러나 과학 분야에서 프랭클린은 번개가 전기라는 것을 발견한 것으로 알려졌다. 202쪽 그림은 그의 유명한 연날리기 실험을 묘사한 것이다.

비누와 양초를 만드는 집에서 태어난 프랭클린은 17살에 보스턴 의 집을 떠나 필라델피아에서 인쇄업자로 성공한다. 사업이 궤도에 오르자 그는 사업을 대리인에게 맡기고 자신은 과학에 전념하기로

미국 판화국의 의뢰로 조각가 앨프리드 존스가 1860년에 벤저민 프랭클린의 전기 실험을 기념하여 조각한 판화이다. 프랭클린은 이 실험을 통해 번개의 본질이 전기임을 밝혀냈다. 그림 왼쪽 아래의 숫자 1752는 이 실험이 행해진 해이다.

하였다. 프랭클린은 1746년 아치볼드 스펜서(1698-1760)의 전기에 대한 책을 보고 전기 실험을 시작한다. 1752년 그는 번개가 전기라는 확신을 가졌고, 마침 뾰족한 첨탑을 가진 교회가 필라델피아에 세워질 예정이었다. 프랭클린은 번개까지 닿으려면 높은 건물이 필요하다고 생각했다.

그는 교회 첨탑 꼭대기에 막대를 세워 실험할 계획을 세웠다. 하지만 교회 건설은 더디기만 했다. 1752년 5월 프랑스의 물리학자 달리바(1709-1778)가 12미터 높이의 쇠막대를 이용하여 구름에서 전기 스파크가 나오는 것을 확인했다. 프랭클린은 폭풍우가 치는 하늘에 연을 날려 번개가 전기임을 증명하는 실험을 제안했으며, 6월 비가 오는 날 하늘에 연을 날렸다. 나무 막대기와 손수건으로 만든 연에 세로로 철사를 매달아 연 위로 튀어나오게 배치했다. 나무와 손수건은 부도체이지만 철사는 도체이므로 번개를 끌어들일 수 있다. 연줄을 타고 내려온 번개를 느낄 수 있도록 구리로 만든 열쇠를 연줄에 매단 다음, 안전장치로 연줄 끝에 부도체인 비단 수건을 묶어 이걸 잡았다. 그리고 번개가 치기만을 기다렸다. 번개가 번쩍, 하고 빛을 발하자 그는 연줄에 매달린 열쇠를 건드렸고 그 순간 찌르르한 전기를 느꼈다.

왼쪽 그림을 보면 하늘에는 번개가 연을 때리는 모습이 있고, 프랭클린이 잡고 있는 연줄에는 열쇠가 매달려 있다. 그는 아들과 함께 실험을 했으니, 옆에 있는 사람은 당시 21살이었던 아들 윌리엄 프랭클린(1730-1813)이다. 그런데 프랭클린은 이런 극적인 상황에 대하여 발표한 적이 없으며, 이런 내용은 산소를 발견하고 영국에서 미국으로 망명한 조지프 프리스틀리가 발표한 것이다. 둘은 잘 아는 사이였으니까 프랭클린이 프리스틀리에게 말해준 것이 틀림없다.

실험 결과는 번개가 진짜 전기라는 프랭클린의 생각을 증명하였다. 하지만 절대 이런 실험을 시도하지 말 것을 강력히 권한다. 프랭클린은 46살에 이 실험을 했는데, 운이 좋았기에 망정이지 까딱 잘 못했으면 사망했을 것이다(실제로 그는 84살까지 살았다). 그러나 다음 해인 1753년 게오르크 빌헬름 리히만(1711-1753)은 번개 실험을 하다 감전되어 사망했다. 아이러니컬하게도, 리히만의 감전 사망 소식을 들은 프랭클린은 피뢰침을 발명하게 된다. 번개는 수천 볼트에서 수만 볼트까지의 전압을 가지고 있으므로, 인체는 감전사할 확률이 아주 높다. 전기는 뾰족한 곳에 잘 모인다는 성질을 이용하여 높은 건물의 꼭대기에 금속으로 된 뾰족한 침(피뢰침)을 설치한 다음, 여기에 전선을 연결하여 건물 벽을 따라 땅까지 잇는다. 그러면 번개의 전기가 피뢰침을 따라 땅으로 흘러 들어가므로, 건물에는 아무런 피해가 없다. 그런데 어떻게 전기가 땅으로 흘러갈까? 지구는 물리적으로 도체이다. 우리에 비해서 지구가 워낙 크기 때문에, 물리학에서는 지구를 무한대의 전하를 보유할 수 있는 도체로 본다.

전기는 무엇일까? 전기는 전하가 이동하는 것이다. 그러면 전하는 무엇일까? 전하는 전기적 성질을 가지고 있는 무엇인가를 가리키는 추상적 개념이다. 물리학은 전하가 양전하와 음전하 두 종류가 있다는 것을 알아냈고, 프랭클린은 이 두 가지에 대하여 포지티브(positive)와 네거티브(negative)라는 이름을 붙였다. 우리는 이것을 그대로 번역하여 양전하, 음전하 이렇게 쓰고 있다. 그러므로 플러스 전하와 마이너스 전하라고 불러도 되지만, 포지티브 전하와 네거티브 전하라고 부르는 것이 역사적으로는 맞다. 양전하와 음전하, 이렇게 전하는 달랑 두 종류뿐이다.

그러면 이 두 종류의 전하는 과연 어디에 있을까? 이 세상의 모든 것들은 전부 원자로 이루어져 있다. 인간도 원자로 되어 있다. 생물학에서는 세포로 되어 있다고 하지만, 물리학에서는 원자로 되어 있다고 말한다. 원자는 살아 있는지 죽어 있는지 모르나, 생물학적 견지에서 보면 분명 살아 있는 존재는 아니다. 어떻게 생명이 없는 원자들이 모여서 생명이 있는 세포가 되고(세포는 스스로 증식하고, 단세포로 이루어진 생물도 엄청나게 많다) 식물이 되고 동물이 되고 인간이 되었을까? 생명의 신비는 아직도 우리에게는 너무 머나먼 과제이다. 원자는 이 우주에 있는 모든 것들을 이루는 기본이지만, 원자 역시 그 내부 구조가 있다. 원자를 이루는 더 기본적인 것이 있다는 말씀! 원자는 양성자와 중성자와 전자로 되어 있다. 단 하나, 수소 원자만이 중성자 없이 양성자와 전자로만 되어 있다(중수소와 삼중수소는 중성자가 있다). 원자를 이루는 양성자는 양전하를 가지고 있고, 전자는 음전하를 가지고 있다.

만약 프랭클린이 이름을 반대로 붙였다면, 양성자가 음전하를 가지고 있고, 전자가 양전하를 가지고 있다고 우리는 배울 것이다. 그러면 아마 양성자와 전자의 이름도 바뀌었을 것이다. 어쨌든 지금은 양성자는 양전하, 전자는 음전하로 굳어졌고, 전기는 이 두 가지 입자 중 전자에 의해서 발생하는 현상이다. 전자가 이동하는 것이 전기다! 이것에도 약간 문제가 있다. 과학자들이 처음에는 전기에 대해서 잘 몰랐기 때문에, 흔히 하는 생각대로 플러스에서 마이너스로 흐르는 무엇인가를 전류로 정의하였는데, 나중에 알고 보니, 전자가 마이너스 극에서 플러스 극으로 이동한다는 사실이 밝혀졌다. 결국 전류라는 추상적 개념과 실제로 전자가 움직이는 방향이 서로 반대인 것이다! 그러나 우리는 이것을 고치지 않고 그냥 사용하고 있다. 지금 고친다면, 모든 물리학 책뿐만 아니라 전기에 관련된 공학에서도 전부 바꾸어야만 한다. 차라리 그냥 쓰는 게 현명하다.

현대 인류의 문명은 기계 문명이다. 기계의 내부 또는 외부에서 부품이 움직이려면, 즉 부품이 이동하거나 회전하려면 엔진이 필요하다. 그리고 엔진은 대부분 기름으로 작동한다. 대형 기계들이 그렇다(요새는 대형 기계들도 전기로 움직이며, 대표적인 것이 전기차이다). 하지만 소형 기기들은 움직이는 부품이 없다. 특히 정보 관련 기기들은 움직이는 부품이 거의 없고, 외부에서 전자기파로 정보를 받은 다음, 이 신호를 변환하여 디스플레이에 보여주는 일을 한다. 이런 기기들은 엔진 없이 전기만으로 동작한다. 스마트폰이 대표적인데, 정말로 스마트한

이 기기는 배터리 하나만 붙여놓으면 아주 잘 작동한다.

기름은 탄소와 수소가 기본인 물질인데, 탄소가 타면 이산화탄소가 되고, 수소가 타면 물이 된다. 물은 아무런 해가 없지만, 이산화탄소는 지구 온난화의 주범이다. 전기 배터리 자체는 아무런 오염 물질을 배출하지 않으므로, 아주 좋은 에너지원인 것은 분명하다. 물론 배터리를 만드는 과정에서 오염 물질이 나오기는 하지만, 우리나라만 해도 1천만 대가 넘는 자동차들이 날마다 뿜어대는 매연을 생각해보면, 전기로 작동하는 기계로 바꾸어야 한다는 사실에는 다들 공감할 것이다.

앞으로 미래는 배터리를 누가 더 잘 만드느냐가 아주 큰 문제가 될 것이다. 그리고 이 기술을 가진 나라는 다른 나라들에 의존하지 않고 자립해 살 수 있을 것이다. 예전에는 식량이 무기였고, 그다음은 석유가 무기였으나, 이제 배터리가 무기가 될 시대가 온다. 그리고 이런 문제는 에너지 문제로 귀결된다. 현대 인류 문명의 가장 근본은 어디에 있을까? 눈에 보이지도 않는, 게다가 원자보다 더 작은, 우리가 아직까지 한 번도 제대로 관찰한 적이 없는(양자역학에 의하면 관찰이 불가능하다) 전자라는 입자가 가지고 있는 음전하에 있다. 이 음전하가 움직이면서 인류가 사용하는 거의 모든 기계와 기기들이 작동한다. 참으로 신비한 일이다. 결국 전자라는 단 하나의 입자에 의해서 우리는 살고 있는 셈이다. 덧붙이면, 인간의 몸, 인체 역시 미세한 전기 신호로 동작한다. 우리가 접촉하여 느낄 수 있는 것은, 신경 섬유에 흐르는 전기 신호 덕분이다. 인체에서 가장 중요한 기관 중 하나인 심장 역시 스스로 전기 신호를 만들어내는 장치(우심방 위쪽에 위치한 동결절로서 전기를 만들어낼 수 있는 세포들이 모여 있다)를 가지고 있고 이 전기 신호에 의해서 심장이 깜짝깜짝 놀라면서 피를 펌프질하고 있다. 이 신호가 정상적이지 않는 사람은 심장 박동기를 달고 살아야 한다. 그리고 심장 박동기 역시 내부에 배터리가 들어 있다.

22. 볼타 전지,
나폴레옹을 알현하다

– 전기의 생성 원리를 알고 안정적인 전기를 생산하는 전지를 만든 볼타

화려한 복장을 하고 당당히 선 중앙의 남자 앞에서, 그보다 더 나이 들어 보이는 흰 머리의 남자가 손을 들어 무엇인가를 설명하고 있다. 주위에는 귀족 복장을 한 사람들이 둘러싸고 있다. 중앙의 남자는 아직 황제는 아니었지만 승승장구하던 나폴레옹 보나파르트(1769-1821)이고, 무엇인가를 설명하는 사람은 알레산드로 볼타(1745-1827)이다. 210쪽 그림은 주세페 베르티니(1825-1898)가 그린 그림으로, 1801년에 나폴레옹의 초청으로 파리를 방문한 볼타가 나폴레옹 앞에서 최초의 전지를 시연하는 모습을 묘사한 것이다. 테이블 위에 놓인 것이 볼타가 만든 전지이다. 볼타는 공식적으로 최초로 전지를 만든 사람이다.

나폴레옹 보나파르트는 코르시카 하급 귀족의 아들로 태어나 프

'정복자' 나폴레옹은 과학으로 부국강병을 꿈꾸던 정치가이기도 했다. 그림은 1801년 볼타가 나폴레옹 앞에서 최초의 전지를 시연하는 모습을 묘사한 주세페 베르티니의 작품이다.

랑스 제국의 초대 황제가 된 입지전적인 인물이다. 연이은 외국과의 전쟁에서 승리한 그는 1804년 국민투표를 통해 프랑스 황제 자리에 올랐고, 이때 그의 나이 35살이었다. 나폴레옹은 과학기술에도 관심이 많았다. 국가를 강하게 하려면 과학과 기술이 중요하다고 생각했을 것이다. 더구나 그는 포병 장교였다. 군인들이 칼이나 총을 들고 싸우는 것보다 대포로 공격하는 것이 훨씬 큰 효과가 있다는 것을 아주 잘 아는 사람이다. 당시 프랑스에서는 약 800개의 이름으로

25만 개나 되는 도량 단위가 쓰이고 있었다고 한다. 나폴레옹은 이것을 고치려고 미터법을 제정하여 도량형을 통일하려 하였으나 미터법은 시행 초기에 많은 혼란을 불러 왔으며 나폴레옹은 어쩔 수 없이 이것을 폐지하고 다시 예전 단위를 시행하였다. 그러나 역사는 알 수 없는 법. 나폴레옹은 세인트헬레나에서 52살에 사망했으나 그가 만든 미터법은 화려하게 부활하여 지금은 프랑스를 넘어 전 세계 공통의 단위로 군림하고 있다. 나폴레옹이 과학계에 남긴 위대한 유산인 셈이다.

1794년 세워진 에콜 폴리테크니크는 황제가 된 나폴레옹에 의해 1804년에 군사학교가 되었다. 프랑스 혁명 기념일 행진에 에콜 폴리테크니크 학생들은 지금도 참가하는데, 의장기병대 바로 뒤에서 프랑스 정규군보다 먼저 행진한다. 나폴레옹이 과학과 기술을 얼마나 중시했는지를 단적으로 보여주는 장면이다. 참고로 이 학교 출신을 몇 명 들어보면, 게이뤼삭(기체 반응의 법칙을 발견했으며, 이 법칙 덕분에 '분자'라는 개념이 나올 수 있었다), 푸아송(푸아송 방정식 등 여기저기 이름이 나온다), 코시(고등학교 수학 책에 코시-슈바르츠 부등식이 나온다), 코리올리(코리올리 효과를 발견하였다), 베크렐(방사선을 발견하였고 퀴리 부부와 함께 노벨상을 수상했다), 푸앵카레(푸앵카레 추측으로 세상을 떠들썩하게 했다) 등이 있다.

다시 전지 이야기로 돌아가자. 이탈리아의 해부학자 루이지 갈바니(1737-1798)는 아픈 부인에게 개구리 스프를 권했다(우리나라에서도 예전에 어린이들이 냇가에서 개구리를 잡아 뒷다리를 구워먹곤 했었다). 부인인 루치아는 개

볼타가 나폴레옹에게 전지를 설명하는 장면을 그린 삽화.
1801년에 볼타가 나폴레옹 앞에서 전지를 시연한 지 100년 뒤인 1901년에
프랑스의 주간지 「르 프티 주르날」에 실린 그림이다.

구리 껍질을 벗겨 금속접시 위에 놓았고, 그 옆에서는 남편의 제자들이 정전기 실험을 하고 있었다. 그때 개구리 다리가 꿈틀거렸다. 루치아는 집에 돌아온 갈바니에게 이 이야기를 했고, 갈바니는 원인이 궁금해졌다. 금속판 위에 개구리 다리를 놓고, 금속판을 다른 금속으로 접촉하자 다리가 움직이는 것을 본 갈바니는 생체 전기라는 개념을 제안하였다. 그러나 갈바니와 친구였던 알레산드로 볼타는 그렇지 않다고 하여 둘 사이에 논쟁이 붙었다. 볼타는 종류가 다른 금속들 사이의 전위차 때문에 전기가 생겼다고 본 것이고, 이것이 맞는 해석이다.

볼타는 이 일을 계기로 볼타 전지를 발명하게 된다. 볼타 전지는 아연과 구리로 전극을 만들고, 그 사이에 전해질로 묽은 황산이나 소금물을 사용했다. 그리고 1801년 나폴레옹 앞에서 시연을 하였다. 감동한 나폴레옹은 볼타에게 메달과 훈장에 더하여 나중에 백작 작위까지 준다. 갈바니와 볼타는 이 때문에 사이가 갈라졌으며, 볼타는 명예를 얻었으나 갈바니는 조롱당하는 신세가 되고 말았다. 그러나 갈바니가 완전히 틀렸을까? 그렇지 않다! 인간을 포함하여 동물은 모두 몸속에 전기가 조금씩 흐른다. 외부 자극을 뇌가 인식하는데 전기 신호를 이용한다. 전기뱀장어처럼 상당히 높은 전압의 전기를 생체에서 만들 수 있는 동물도 있으며, 사람의 심장 역시 스스로 전기를 만들어 움직인다. 멈춘 심장에 전기 자극을 주어 다시 움직이도록 하는 응급처치와 심장박동기 개발은 갈바니 덕분이다.

그런데 볼타 전지는 왜 그렇게 중요한 것일까? 당시 많은 과학자들이 전기 연구에 뛰어들었는데, 가장 큰 문제는 전기 자체였다. 전기를 만들어낼 방법이 마땅치 않은 것이었다. 마찰 전기에 대해서는 알고 있던 당시 과학자들은 두 개의 물체를 마찰시켜서 생긴 마찰 전기를 이용하여 전기 실험을 하였다. 그러나 마찰을 하기 위해서는 계속 문질러야 했는데(회전하는 물레 같은 것을 만들어 빙빙 돌리면서 마찰 전기를 만들었다) 이런 방식으로는 일정한 전기를 만들 수 없을 뿐더러, 만들어진

기록에 의하면 고대 그리스의 탈레스가 호박 보석을 문지르면 작은 물체를 끌어당긴다는 사실을 발견했다고 한다. 마찰 전기가 발견된 것이며, 전류가 흐르는 것은 아니므로 이것은 정전기이다. 물론 그 원인은 몰랐다. 진공 펌프를 만든 게리케는 동그란 구를 회전시키면서 문지르는 장치를 만들었고, 여기에 마찰 전기가 생겼다. 이런 마찰 전기는 다른 물체가 닿기만 하면 바로 방전되어버렸고, 과학자들은 전기 실험을 위하여 전기를 담아 이동하고 싶어졌다. 그 결과 레이던병이 만들어졌는데, 이것은 최초의 축전기(커패시터)라고 할 수 있다. 두 개의 금속판을 유리병의 안쪽과 바깥쪽에 붙인 레이던병을 손으로 잡고, 안쪽 금속판에 외부에서 정전기를 공급하면, 두 금속판 사이에 전기가 저장된다. 지금의 축전기와 완전히 같다. 1745년 독일의 클라이스트와 1746년 네덜란드의 뮈스헨브뤽이 각각 발명한 레이던병은 뮈스헨브뤽이 살았던 네덜란드의 도시 레이던을 따서 '레이던병'이 되었다.

전기를 저장할 수도 없었다. 저장 문제는 나중에 레이던병이 발명됨으로써 해결되기는 하지만, 여전히 전기를 만들어내는 원천이 없었다. 볼타 전지는 바로 여기에 돌파구를 마련해준 것이다. 이제 누구나 전지를 가지고 안정적으로 전기 연구를 할 수 있게 되었고, 이것은 굉장한 물리학적 사건이었다. 이것을 기념하여 물리학에서 전압의 단위는 볼타의 이름에서 따서 '볼트'가 되었다.

지금이야 전기를 마음대로 사용하는 시대이지만, 당시는 전기로 동작하는 기기 자체가 없었다. 전기는 실험에 이용하는 수준에 불과했으며, 인간이 전기를 생활에 이용한 것은 볼타의 시연으로부터 78년이 지난 1879년에 에디슨의 전구가 나오면서부터이다. 전지는 1차 전지와 2차 전지로 나눌 수 있는데, 1차 전지는 한 번 쓰고 버리는 전지고 2차 전지는 재충전해서 여러 번 쓸 수 있는 전지다. 1차 전지에는 알칼리 전지, 수은 전지 등이 있고 2차 전지에는 니켈-카드뮴 전지, 니켈-수소 전지, 리튬이온 2차 전지, 리튬이온 폴리머 2차 전지, 납축전지 등이 있다. 현재는 리튬이온 폴리머 전지가 대세이며, 스마트폰에 들어가는 전지이기도 하다. 오늘날 우리는 볼타가 보았다면 기절할 정도로 좋은 전지를 아무렇지도 않게 사용하고 있다.

그렇다면 배터리는 어디까지 왔을까? 아니, 그전에 우주에 간 탐사선이나 탐사로봇들은 어떻게 움직이는 것일까? 두 가지 에너지원이 있다. 하나는 태양 전지이고, 다른 하나는 원자력 전지이다. 태양 전지는 태양빛을 받아 전기를 생산하고, 원자력 전지는 방사능 물

뮈스헨브룩의 연구실에서 행해진 레이던병 실험.
회전하는 유리 구체가 정전기를 발생시키고,
생성된 정전기는 사슬에 의해 매달린 막대를 통해
유리병의 물에 전하가 축적된다.
그리고 유리병 밖에 있는 사람의 손에 반대 전하가 축적된다.
물에 잠긴 철사를 만지면 전기 충격을 받는다.

질이 방출하는 방사선의 열을 전기로 바꾼다. 태양 전지는 우리 생활에도 쓰이고 있지만, 원자력 전지는 아직 쓰이고 있지 않다. 하지만 알파선이나 베타선을 내뿜는 핵물질이라면 차폐를 잘한다는 가정 하에, 그리고 소형으로 만들 수 있다는 가정 아래 일상생활에 사용할 수 있다. 그리고 지금 생활에 쓸 수 있는 핵 배터리에 대한 연구가 세계적으로 상당히 진척되어 가는 중이다. 핵 배터리는 이론적으로 몇 천 년 또는 몇 만 년 작동할 수 있으므로, 만들어진다면 생활에 아주 유용한 도구가 될 것이다.

23. "부도덕한 인간보다
정직한 원숭이를 택하겠다"

– 『종의 기원』과 진화론이 불러일으킨 평지풍파의 뒷이야기

얼굴은 사람이요, 몸은 원숭이라. 우리는 이렇게 여러 동물의 신체 일부가 결합되어 이루어진 복합적인 존재를 키메라라고 부른다. 그런데 얼굴이 낯이 익다. 누굴까? 인간이 만물의 영장이라는 사상은 우리가 지구에 있는 모든 것들, 물, 공기, 지하자원, 식물, 그리고 동물까지 소유하고 있다고 믿게 만들었다. 그럼으로써 우리는 땅을 파헤치고, 물길을 바꾸고, 식물과 동물을 마음껏 약탈하였다. 상관없지 않는가? 인간은 신의 선택을 받은, 신이 자신을 본떠 만든 존재이므로 아무것도 문제될 것이 없었다.

그러나 그것은 진실이 아니었다. 인간은 신이 만든 존재가 아니었다. 원숭이가 살짝 변이하여 된 존재였다. 찰스 다윈(1809-1882)이 진화론을 발표하자 세상은 발칵 뒤집혔다. 1871년 풍자 잡지 「호넷」에

'공경할 만한 오랑우탄'이라는 카툰이 실렸는데, 다윈의 얼굴에 오랑우탄 몸을 붙인 그림이었다. 당연한 반응이었고, 다윈도 충분히 예상했을 것이다.

　1809년 영국 상류층에서 태어난 찰스 다윈은 처음에 의대에 진학하였다. 그러나 흥미를 못 느끼고 중도에 그만두었다. 이후 케임브리지 신학대로 옮겼는데, 그 이유가 남는 시간에 어릴 때부터 좋아했던 박물학을 하고 싶어서였다. 이때까지도 다윈은 신의 창조설을 믿고 있었다. 그는 대학 졸업 후 세계일주 여행에 동참하게 되는데, 바로 〈비글〉호의 항해이다. 〈비글〉호의 함장 로버트 피츠로이(1805-1865)는 젊은 의사나 과학자가 동행하기를 원했고, 케임브리지에 편지를 보냈는데, 22살의 청년 과학자 다윈이 추천되었다. 영국에서 출발한 〈비글〉호는 브라질로 간 다음, 남쪽으로 내려가 남아메리카 남단을 돈다. 그다음 칠레와 에콰도르에 들렀다가(이때 갈라파고스 제도에 가게 된다) 태평양을 횡단하고 호주를 지나 아프리카 남단으로 향했다. 그리고 대서양을 지난 다음 다시 브라질로 갔다가 영국으로 귀환했다. 5년 걸려 세계를 한 바퀴 돈 것이다. 다윈은 힘든 항해를 하면서 배가 들르는 육지에서 생물 표본을 수집하였으며, 틈나는 대로 독서를 하였다. 이때 그는 찰스 라이엘(1797-1875)의 『지질학 원리』를 탐독했는데, 이 책에는 오랜 시간 동안 지구가 어떻게 변해왔는지가 과학적으로 설명되어 있었고, 이것이 다윈을 진화론으로 이끌었다. 지구가 변한다는 것, 즉 변화에 대한 세계관이 다윈에게 싹튼 셈이다. 또

다원의 진화론을 풍자한 잡지 카툰.
그림의 오랑우탄 얼굴은 찰스 다윈이며,
카툰 제목은 '공경할 만한 오랑우탄'이다.

하나 다윈에게 영향을 끼친 책은 토머스 맬서스(1766-1834)의 『인구론』이었다. 맬서스는 생물은 자연이 품고 있는 양보다 숫자가 더 증가한다고 썼고, 다윈은 그렇다면 자원이 부족해지면 생물은 어떻게 살까를 생각하였으며, 결과적으로 생존 경쟁에 대한 개념을 만들었다고 한다. 다윈은 5년에 걸친 항해 기간 동안 자신이 보고 들은 것들을 전보를 통해 영국에 계속 보냈기 때문에, 항해가 끝난 후 귀향했을 때는 이미 유명인사가 되어 있었다(미지의 세계에 대한 지질학, 광물학, 생물학 등에 관한 새로운 지식이 영국으로 쏟아져 들어왔다).

1856년부터 진화론을 쓰기 시작한 다윈은 책의 완성 전에 앨프리드 윌리스(독자적으로 진화론을 만든 인물이다)가 보낸 논문을 보았고, 자신의 주장과 같다는 것에 놀랐다. 하지만 주위의 배려로 1858년 윌리스의 논문과 함께 자신의 논문을 린네학회 총회에서 발표하였다. 다음 해인 1859년 드디어 『종의 기원』을 출간하여 진화의 사실을 알리고, 자신의 이론 '자연선택설'을 세웠다. 다윈의 이론에 의하면 생물은 시간이 지나면 환경에 맞추어서 모습이 변해간다. 아울러 그는 "인간은 원숭이로부터 진화되었다."고 발언을 하였으며, 이것은 전 유럽 사회를 떠들썩하게 만들었다.

찰스 다윈은 그때까지 인간은 신의 창조물이라고 알고 있던 사회에 그렇지 않다는 것을 공식적으로 발표한 사람이다. 모든 종은 공통의 조상을 가진다는 진화론은, 이 세상의 모든 생물이 위로 계속 거슬러 올라가면 단 하나의 조상을 만날 수 있음을 알려준다. 이것은 신이 세상의 모든 생물을 하나씩하나씩 만든 것이 아니라, 어떻게 생겨났는지는 모를 뿐만 아니라 그 존재에 대하여도 전혀 알 수 없는 무엇인가로부터 차근차근 생물이 생겨났으며, 그 마지막에 인간이 있음을 시사한다. 우리는 아직까지 인간 다음으로 더 발전한 생물을 발견하지 못했다.

다윈 시대의 사람들이 전부 진화론에 대하여 반대한 것은 아니었다. 영국 교회에서도 찬반으로 의견이 나뉘었다. 반대한 사람들도 있었고, 진화론을 신의 설계로 생각하여 찬성한 사람들도 있었다. 물론 교회의 전반적인 분위기는 기독교의 교리에 어긋나므로 반대하는 입장이 강하기는 했다. 그래서 진화론이 발표된 다음 해인 1860년에 옥스퍼드 대학에서 벌어진 토론회에서는 진화론파와 창조론파 (기독교)가 대판 붙었다. 성공회 주교는 진화론파에게 다음과 같은 질문을 던졌다.

"할아버지가 원숭이쪽인가, 할머니가 원숭이쪽인가?"

이 모욕적인 질문에 진화론파는 이렇게 비꼬는 답변을 해주었다.

"부도덕한 인간보다 정직한 원숭이를 택하겠다."

『종의 기원』은 총 14장으로 구성된, 거의 500쪽에 이르는 상당히 두꺼운 책이다. 초판 1,500권은 하루 만에 전부 팔렸다고 한다. 지금의 관점으로 보자면 베스트셀러다. 1장은 가축과 작물의 변이에 대한 내용인데, 다윈은 기형과 같은 급작스러운 변이보다는 작은 변이들이 진화에 더 중요하다고 썼다. 2장에서는 종과 변종과의 경계가 모호하다고 밝혔다. 그리고 종과 변종이 확연히 다르면 새로운 종이 되며, 3장에서 자연선택의 개념을, 4장에서는 자연도태를 설명하였다. 5장은 라마르크의 획득 형질과 비슷한 이론을, 6장은 자연선택에 대한 반박에 대한 답변을 제시하였다. 예를 들면, 이것은 창조론에서 지금도 주장하는 것인데, 왜 가까운 종들 사이의 중간 형태가 없냐는 것이다. 다윈은 중간 형태의 생물은 사라졌다고 설명한다. 즉 더 이상 적응하지 못하고 멸종한 것이다. 7장에서는 본능의 진화를 다루었다. 예를 들면, 벌들이 벌집을 육각형으로 짓는 이유를, 이렇게 하는 것이 벌집을 만드는 밀랍을 가장 경제적으로 쓸 수 있으며, 그렇기 때문에 이런 식으로 본능이 발달했다고 설명하였다. 8장은 잡종의 번식 불가능한 성질을 다루었다.

9장에서 다윈은 지질학과 화석으로 관점을 옮겨갔다. 그는 중간 단계의 화석이 안 보이는 것을, 화석화는 상당히 힘든 과정이므로 모든 단계의 화석을 발견하기는 아주 힘들 것이라 하였다. 다윈은 진화에 아주 오랜 시간이 걸릴 것이라고 생각했으며, 화석이 발견되지 않는 것은 그에게 곤란한 문제가 되었다. 그러나 그는 중간 단계의 화석이 나올 것이라 확신했으며, 실제로 선캄브리아기 시대의 화석들이 발견되었다. 10장에서는 자연선택과 창조론 중 어느 것이 화석을 더 잘 설명할 수 있는지를 보여주었다. 11장과 12장은 생물지리학에 대한 내용이다. 13장은 종의 분류에 대해서 다루었으며, 마지막 장은 요약이다.

진화론은 신의 창조를 믿는 기독교에 의해서 맹렬히 비판되었고, 이것은 지금도 진행 중이다. 지금은 원시 인류의 화석이 많이 발견된 상태이고, 과학계에서는 이들을 정리하여 계보를 만들었다. 그러나 아직도 많은 부분이 부족한 것은 사실이다.

실제로 대부분의 생물들이 아주 오래전 옛날의 모습을 지금도 그대로 유지한 채 살고 있는 것 또한 사실이다. 그렇다면 왜 이들은 진화를 하지 않았을까? 즉 더 좋은 모습으로 진화했다면, 부족한 형질을 가진 종들은 전부 사라져야 맞는데, 현실은 그렇지 않기 때문이다. 하지만 진화의 증거 또한 여기저기 아주 많다. 같은 종임에도 불구하고 환경에 따라 다른 모습으로 바뀐 생물들이 있으며, 이런 형질은 분명히 자손에게 유전되기 때문이다.

라마르크의 용불용설에 따르면, 획득 형질은 유전된다고 한다. 만약 이 말이 맞다면, 이런 것도 가능해진다. 아버지가 보디빌딩을 해서 몸에 엄청난 근육을 축적하였다. 아들은 이 형질을 물려받아 자연적으로 헤라클레스가 되고, 그 손자도 마찬가지다. 이것을 본 다른 남자들도 보디빌딩을 하게 되고, 이것이 유전되면 지구의 남자들은 전부 헤라클레스가 되어야 할 것이다. 그러나 그렇지 않다. 획득 형질은 유전되지 않음이 밝혀졌다.

그러니 헤라클레스의 몸을 가지려면 자기가 직접 운동을 해야 한다. 아쉽지만 유전적으로 물려받을 수가 없다. 마찬가지로 천재적인 두뇌 또한 물려줄 수가 없다. 자식이 공부를 못하는 것은 부모와 아무 상관이 없기 때문에, "대체 누굴 닮아서……."라는 표현은 사용하지 않는 것이 과학적이다.

다윈이 진화론을 제시하면서, 그 이유에 대해서는 용불용설 이상의 이론을 제시하지 못했다. 당시에는 아직 유전자라는 것이 밝혀지지 않아 다윈은 유전자를 몰랐던 것이다. 용불용설은 폐기되었으나 예외적으로 일부 식물에서는 획득 형질이 유전된다는 경우가 발견된 적이 있어, 용불용설이 완전히 틀렸다고 말할 수도 없는 것 또한 사실이다. 멘델이 완두콩을 이용하여 형질의 유전에 대한 새로운 이론을 세운 뒤에야 유전의 중요성이 밝혀진다. 사제였던 그레고어 멘델(1822-1884)은 1856년부터(다윈의 진화론이 나오기 전이다) 자신이 살던 수도원 뜰에 완두를 심은 다음, 거기에서 교배되어 나오는 다양한 형질을 가진 완두를 모아 7년 만에 유전에 대한 아주 중요한 원리를 발견하였다. 다만 멘델 역시 다윈과 동시대의 인물이었으므로 유전자 자체는 몰랐기 때문에 이 중요한 것을 '유전 단위'라고 하였다.

다윈 진화론의 핵심은 '자연선택'이다. 적자생존설. 즉 가장 환경에 적합한 것이 살아남는다는 것이다. 똑똑하거나 우월한 개체가 살아남는 것이 아니라 자연에 가장 적합한, 환경에 가장 적합한 개체가 살아남는다는 것이다. 그러므로 현재 존재하는 생명체는 가장 우월한 존재가 아니라 자연의 선택을 받은 존재이다. 그런데 이것을 가지고 프랜시스 골턴(1822-1911)은 강한 개체가 약한 개체를 몰락시키는 것이 당연하다는 식의 이론을 만들었고, 그 결과 우생학이 탄생하였으며, 나치는 우생학을 가지고 장애인과 병에 걸린 사람들은 물론 집시와 유대인, 유색인종까지 몰살시키는 정책을 폈다. 아이러니컬하게도 골턴은 다윈의 사촌이기도 하다.

현대의 생물학은 진화의 원인으로 자연선택과 유전자 부동을 들고 있다. 자연선택(Natural Selection)이란 특수한 환경에서 생존에 적합한 형질을 지닌 개체군이, 생존에 부적합한 형질을 지닌 개체군에 비해 '생존'과 '번식'에서 이익을 본다는 내용이다. 다른 말로 자연도태라고도 한다. 예를 들면, 예전에는 흰 나방이 많이 살았으나 도시의 공기가 오염되면서 지금은 검은 나방이 훨씬 더 많이 살고 있다. 유전자 부동(遺傳子 浮動)은 생물 집단의 생식 과정에서 유전자의 무작위 표집으로 나타나는 대립형질의 발현 빈도 변화를 가리키는 용어다. 쌍꺼풀을 예로 들어보자. 쌍꺼풀과 외꺼풀은 서로 대립형질인데, 자식에게 유전될 때 이 형질이 무작위로 발현한다는 것이다. 즉 자식은 부모의 형질을 무작위로 물려받는다.

다윈 이전의 생물학은 '신이 만든 생명체는 변하지 않는다'는 것이고, 다윈 이후의 생물학은 '모든 생명체는 변한다'는 것이다. 이로써 과거의 사고방식이 송두리째 무너지고 새로운 시대가 활짝 열렸다.

24. 두드려라,
글자가 찍힐 것이다!

- 타자기의 발명으로 손으로 글씨를 쓰는 시대가 막을 내리다

한 여성이 의자에 앉아서 키보드를 치고 있다. 여성의 아주 고전적인 옷차림으로 보아 21세기는 분명 아니다. 오른쪽 그림은 1872년 「사이언티픽 아메리칸」지 기사에 삽입된 그림으로, 미국에서 상업적으로 가장 성공한 레밍턴 타자기를 여성 타이피스트가 사용하는 장면이다. 이 타자기는 숄스(1819-1890)가 술레(1830-1875), 글라이든(1834-1877)과 함께 발명하였다. 숄스 이전에도 글자 쓰는 기계를 만들려는 시도는 있었다. 그러나 사람이 손으로 쓰는 것보다 더 느렸다. 그래서 숄스는 실용적인 타자기 발명에 도전하였고 성공하였다. 그런데 왜 타자기 이름이 레밍턴일까? 발명의 와중에 몇몇 곡절이 있었고, 결국 레밍턴 사에 의해 인수되었기 때문이다. 레밍턴이라는 이름이 왠지 익숙하다면 아마 그 때문일 것이다. 1816년 세워진 레밍턴 암

레밍턴 타자기로 타자를 치고 있는 여성 타이피스트.
1872년에 「사이언티픽 아메리칸」지 기사에 삽입된 일러스트다.

즈 사(Remington Arms Company)는 원래 총기 회사다. 총에 관심이 많은 사람들, 특히 남자들은 이 회사에서 만든 총기들에 대하여 많이 들어보았을 것이다. 1, 2차 세계대전 때 많은 무기를 공급한 이 회사는 현재도 존재한다.

인류는 기호와 글자를 만든 뒤부터 자신들의 역사와 자신들의 지식을 후대에 전하고자 하였다. 아마 본능이었을 것이다. 죽음 이후에 아무것도 남지 않는다는 것을 용납하기 싫은 인간은 후손들에게 뭔가를 남기고 싶었을 것이다. 처음에는 나무 같은 재료에 칼 같은 도구를 이용하여 정보를 새겼다. 이 정보를 도서관 역할을 하는 장소에 모아놓고, 필요한 사람들은 와서 보거나 직접 손으로 베껴가도록 하였다. 사람이 손으로 글자를 쓰는 행위는 상당히 느리다. 그래서 필사본은 귀했을 뿐만 아니라 무척 비쌌다. 과거에 책이라는 물건은 엄청나게 비싸고 귀한, 말하자면 사치품이었다. 종이가 발명되고 붓과 같은 필기도구도 발명되면서 훨씬 더 좋은 환경이 조성되었으나 여전히 손으로 정보를 필사하는 일에서는 벗어날 수 없었다. 그 결과 탄생한 것이 활자다. 처음에는 나무를 깎아 만든 목판 활자와 목판 인쇄술이 발달했고, 다음에는 나무보다 훨씬 내구성이 좋은, 그러나 만들기는 훨씬 더 힘든 금속활자가 나왔다.

그러나 여전히 책과 정보는 부유층의 독점물이었다. 고대로부터 거의 근대까지 수천 년 동안 대다수 사람들은 평생을 낫 놓고 기역자도 모르는 까막눈으로 살다가 죽었다. 글자와 정보, 지식은 권력이

부르고뉴 공작의 비서였던 작가이자 필경사 장 미엘로의 초상화.
『성모 마리아의 기적 모음집』을 열심히 손으로 쓰고 있는 모습이다.
장소는 공작의 도서관으로 보인다.

었다. 여기에 과학 문명이 발달하면서 전기가 나오고, 전기가 나오면서 전신이 발명되었다. 이제는 간단한 정보는 전기를 이용하여 전달할 수 있게 되었다. 모스 부호를 생각해보자. 점과 선이라는 두 개의 기호를 이용하면 얼마든지 멀리 그리고 빠른 시간에 정보를 보낼 수 있었다. 그러나 여전히 사람이 손으로 쓰는 일은 피할 수 없었다. 정보의 양이 많으면, 예를 들어 아주 두꺼운 책이 있다면 이걸 일일이 베낀다는 것이 보통 일이 아니었다. 인쇄는 상업적인 제약 때문에 대량으로만 가능했다. 지금도 인쇄소에서 인쇄를 하려면 일정량 이상을 찍어야만 한다. 달랑 "한 부 찍읍시다." 이런 것은 안 통한다.

이제부터는 누가 얼마나 빨리 정보를 옮겨 적는가가 중요한 이슈로 등장한다. 복사를 하면 간단할 것이라는 생각을 누구나 할 것이다. 그럼 복사기는 언제 나왔을까? 증기기관을 개선한 제임스 와트가 1780년에 복사기를 발명하였다. 사업상 많은 편지를 보내야 했던 와트는 자기가 보낸 편지들을 전부 기억할 수가 없어서(사람인지라 당연하다) 뭔가 대안을 찾아야만 했는데, 사람을 사서 일일이 베끼게 할 수가 없었다. 그래서 와트는 복사기를 만들었다! 정말 놀라지 않을 수가 없다. 얇은 종이에 특수 잉크로 내용을 적은 다음, 물에 적신다. 젖은 종이 아래에 복사지를 놓고 롤러로 눌러서 복사를 한다(윗장의 잉크가 아랫장에 묻는다). 정말 간단하다! 그러나 단점도 있었다. 종이를 물에 적시기 때문에 원본이 상할 확률이 아주 높았고, 시간도 거의 10시간이 넘게 걸렸다. 그리고 딱 한 장만 복사되어 나왔다. 두 장도 불가능! 그래도 사람들은 이 복사기를 열심히 사용했다고 한다. 얼마나 베끼는 작업이 힘든지 그리 놀랄 일도 아니다. 이 습식 복사기는 거의 20세기 초까지 사용되었는데 지금은 다 없어지고, 전 세계에 원본은 딱 한 대 남았는데, 우리나라에 있다. 강릉 경포대에 있는 참소리 박물관이다. 시간 나면 한 번 가보기를 적극 추천한다.

복사기는 1780년에 나오고 레밍턴 타자기는 1872년에 나왔다. 타자기가 복사기보다 거의 100년 늦게 나왔다. 둘의 차이점은 무엇일까? 복사기는 원본을 그대로 옮겨서 똑같은 문서를 만들어내는 것이고, 타자기는 원본을 빨리 만들 수 있는 기계다. 두 개의 용도가 서로 다르다. 피아노 건반을 치면 망치가 현을 때려 소리가 난다. 수동식 타자기 키보드를 치면, 끝단에 금속활자가 붙어 있는 기다란 글자 막대가 리본(먹지)을 때린다. 그러면 리본 뒤에 놓인 종이에 잉크가 묻어 글자가 찍힌다. 상당히 힘을 주어 키보드를 쳐야만 글자 막대가 경쾌하게 리본을 때리기 때문에, 한참 치다 보면 손가락과 손목이 아파온다. 한 줄을 다 치면 리턴 레버를 오른쪽 끝으로 드르륵 밀어보내고, 다음 줄을 치는 방식이다(캐리지 리턴). 그다음에 나온 타자기는 전기식이었는데, 이것은 글자가 붙어 있는 작은 공이 있었고, 이 공이 회전하면서 원하는 글자가 리본을 때렸다.

타자기가 나옴으로써 문서 작성이 쉬워졌을 것 같은데, 처음에는 그렇지 않았다. 문제는 사람! 이때까지도 웬만한 사무실에서는 필경사가 있었다. 게다가 이들은 글자를 아주 예쁘게 잘 썼다. 그래서 사업주들은 구태여 이들을 해고하고 타자기를 구매할 필요성을 느끼지 않았다. 타자기의 보급은 느리기만 했다. 그래도 타자기는 꾸준히 보급되었고, 어느샌가 필경사라는 직업 자체가 사라졌다. 모든 사무실에 타자기가 보급되면서 타이피스트라는 신종 직업이 생겨났다. 이제는 누구도 문서를 손으로 쓰지 않게 되었고 타이피스트라는 전문직이 열심히 자판을 두드려 새 문서를 만드는 시대가 되었다. 주로 여성이 타이피스트를 많이 했는데, 손가락이나 손목이 아픈 것은 둘째 치고, 타자기의 '탁탁' '드르륵' 하는 소리가 꽤 시끄러워서 난청이 많아졌다. 일종의 직업병인 셈이다.

1965년 공병우 타자기 주식회사에서 나온 '프린스 5'라는 타자기 가격은 29,800원이었는데, 현재 가치로는 100만 원이 넘는다. 지금 스마트폰이 100만 원대이니 스마트폰과 비슷하다. 우리나라 역시 1980년대까지 타자기로 거의 모든 문서가 만들어졌다. 타자기 자판은 흔히 쿼티(QWERTY)라고 하는데, 타자기 발명가인 숄스가 고안한 것이다(타자기 윗줄 알파벳이 순서대로 QWERTY이다). 영어로 타자기는 타이프라이터(Typewriter)인데, 신기하게도 이 글자는 모두 자판의 가장 윗글쇠들이다.

1990년대 중반에 컴퓨터라는 것이 등장한다. 그리고 여기에도 키보드가 달렸다. 뿐만 아니라 화면도 있어서 글자가 눈에 보였다. 타자기는 오타를 수정하는 것이 아주 까다로웠는데(처음부터 다시 치든지, 아니면 수정액을 사용해야 했다. 그래서 수정액이 발명된 것이다!) 컴퓨터는 이 문제에서 우리를 해방시켰다. 덩달아 프린터까지 나오면서 이제는 더 이상 타자기가 필요 없게 되었다. 타자기는 시간이 흐르면서 컴퓨터에 밀려 점점 사라져갔고, 이제는 주변에서 보기 힘든 물건이다. 추억을 살리고 싶은 마니아나 뉴트로 감성의 인테리어 소품 정도로 중고 시장이 형성되어 있을 뿐이다.

하지만 전 세계적으로 보면 아직도 타자기는 사용되고 있다. 이유는 뭘까? 컴퓨터가 비싸서? 아니다! 컴퓨터는 이제 충분히 싼 물건이 되었다. 하지만 컴퓨터는 전기가 없으면 무용지물이다. 전기 사정이 열악한 나라들에서는 지금도 타자기가 환영받는 제품이다. 중국과 일본은 여전히 타자기를 생산하고 있으며, 인도에는 지금도 타이피스트가 있다. 군에서도 전기가 끊어질 경우에 대비해 비상용으로 타자기를 가지고 있다고 한다. 전기가 끊어지고 타자기가 없으면 손으로 써야 한다. 손 글씨의 문제점은 상대방이 알아보지 못하는 경우가 생길 수도 있다는 것이다. 전시에 전령에게 작전 명령서를 보냈는데, 수신자가 글씨를 못 알아본다면 어쩔 것인가? 전기 에너지의 도움 없이 오직 사람의 힘만으로 작동하는 타자기가 영원히 사라지는 일은 없을 것이다.

25. 천재 시인의 딸,
컴퓨터 프로그램을 개발하다

- '최초의 프로그래머' 에이다 러브레이스 이야기

컴퓨터의 시초라고 하면, 보통 '에니악(ENIAC : Electronic Numerical Integrator And Computer)'을 말한다. 1946년 제작된 에니악은 디지털 컴퓨터로서 진공관으로 제작되었으며, 무게만 30톤이 나갔다. 공짜로 준다고 해도 집에 들여놓을 사람은 한 명도 없을 것이다. 에니악은 에드삭(EDSAC)으로, 에드삭은 에드박(EDVAC)으로 발전하였다. 1951년 최초의 상업용 컴퓨터 유니백(UNIVAC)이 등장하였다. 1969년 일본의 계산기 회사(니폰 캘큐레이팅 머신, 후일 비지컴)는 미국의 인텔 사에 전자식 탁상시계의 칩을 의뢰한다. 처음에는 12개의 칩으로 주문을 하였는데, 인텔은 이것을 하나의 칩으로 만들어냈다. 이것이 '4004'라는 세계 최초의 마이크로프로세서이다. '4004'의 능력은 에니악 정도였다고 한다. 30톤의 컴퓨터가 칩 하나에 들어간 것이다. 그러나 반전이 있다. 1971년 텍사스 인스트루먼트 사가 휴대용 계산기를 만들어내었고, 가격은 일본 제품의 10분의 1이었다. 결국 계산기 사업이 부진해진 비지컴은 인텔에 '4004' 가격을 깎자고 하였고, 인텔은 여기에 동의하는 대신 '4004'를 비지컴의 제품이 아닌 다른 제품에도 쓸 수 있는 지적재산권을 요구하였다. 거래는 성사되었고, 인텔은 지금 우리가 알고 있는 그대로, 세계 최고의 마이크로프로세서 회사가 되었다. 만약 일본이 동의하지 않았다면 마이크로프로세서는 일본이 세계 최고가 되었을 것이다. '4004'는 '4040', '8008'로 발전하였고, 다시 '8086', '8088'로 발전하였고, 1982년에는 '80286'이 되었다. 286 컴퓨터의 등장이다. 세상이 뒤집어질 일이 생긴 것이다. 286은 386이 되고, 386은 486이 되고, 486은 펜티엄이 되었다. 집에서 컴퓨터를 사용하는 세상이 되었고, 모든 아이들이 컴퓨터를 최고의 크리스마스 선물로 꼽았다.

지금 개인용 컴퓨터의 CPU는 더 이상 숫자로 불리지 않고, 몇 세대에 코어가 몇 개로 불리고 있으며, 생전 들어본 적도 없는 이상한 코드 네임과 더불어, 하이퍼 스레딩이 어쩌고, 터보 부스팅과 오버클럭에다가 캐시 메모리가 얼마인지로 설명되고 있다. 그런데 재미있는 것은 아무리 컴퓨터가 발전해도 컴퓨터 한 대의 가격은 30년 전이나 지금이나 똑같다는 점이다. 1994년에 486-DX2 50 조립 PC(램 256K)가 140만 원 정도였는데, 현재 인텔 i7 CPU에 8기가 램이 달린 PC가 비슷한 가격대이다.

오른쪽 그림을 보면, 홀로 서 있는 여인이 하얀 드레스에 빨강 겉옷을 걸친 채 어딘가를 바라보고 있다. 이 그림은 영국 화가 마거릿 카펜터(1793~1872)가 그린 「에이다 러브레이스(Ada Lovelace)의 초상」이다. 영국 낭만주의 문학을 선도했던 시인 바이런의 딸로 태어난 에이다 바이런(1815~1852)은 20살 때, 윌리엄 킹(제8대 킹 남작)과 결혼하여 남작 부인이 된다. 1838년 남편이 초대 러브레이스 백작이 되면서, 에이다는 러브레이스 백작 부인으로 호칭이 바뀌었다. 에이다의 아버지 바이런 역시 6대 바이런 남작으로서 귀족이었다. 그러나 에이다가 태어난 지 한 달 만에 부모가 이혼하고, 아버지 바이런은 3개월 뒤 영원히 영국을 떠났다. 그리고 그리스 독립 전쟁에 뛰어들어 에이다가 8살 때, 거기서 죽었다. 그러므로 에이다는 평생 아버지를 제대로 본 적이 없는 셈이다.

에이다의 어머니 앤은 시인이라면 치를 떨었고(바이런은 너무나 자유분방해서 가족도 버렸다. 거기에 여성 편력은 덤이다) 에이다에게 문학 대신 수학과 과학을 배우도록 하였다. 에이다는 가정교사로부터 배웠는데, 그중에는 메리 서머빌(1780~1872, 영국 수학자이자 천문학자로, 천왕성을 관측하여 또 다른 행성이 있음을 예측하였고 이것이 해왕성의 발견으로 이어진다)과 드 모르간(1806~1871, 영국 수학자)도 있었다. 고등학교 수학 시간에 모르간 법칙이 나온다. 간단히 말해서 에이다는 당대 최고의 과학자들을 가정교사로 두었던 셈이다. 그리고 서머빌과 모르간은 찰스 배비지(1791~1871, 영국의 수학자이자 발명가)와 친구 사이였다. 배비지는 인간의 계산 오차를 줄일 수 있는

19세기 영국 화가 마거릿 카펜터가 그린
「에이다 러브레이스의 초상」(1836).

기계적 계산 방식을 찾기를 원했고, 파스칼(덧셈과 뺄셈을 할 수 있는 최초의 기계식 수동 계산기, 일명 파스칼 계산기를 만들었다), 라이프니츠(파스칼 계산기로부터 자극받아 사칙연산이 가능한 라이프니츠 계산기를 만들었다) 등이 시작한 계산하는 기계를 만들기로 했다.

배비지는 1823년부터 차분기관(Difference Engine, 다항함수를 계산하기 위한 디지털 기계식 계산기)에 대한 연구를 시작했으며, 이것을 들은 에이다는 여기에 빠져들었다. 그녀는 서머빌을 통해 배비지와 접촉하였으며, 함께 연구를 하게 되었다. 1833년 배비지는 차분기관에서 더 나아가 해석기관(Analytical Engine, 기계식 범용 컴퓨터)에 대한 연구를 시작하였다. 1842년 해석기관에 대한 세미나가 이탈리아 토리노 대학에서 열렸고, 이 강연은 프랑스어로 출판되었다. 이것을 다시 영어로 번역하는 과정에서, 에이다는 논문보다 더 많은 분량의 주석을 첨가하였다. 주석문은 A부터 G까지 파트로 나뉘어져 있었고, G파트에 '베르누이 수'를 구하는 알고리즘이 있었다. 이 알고리즘이 현대에 들어와 최초의 컴퓨터 프로그램으로 인정받아, 에이다에게는 '최초의 프로그래머'라는 수식이 붙게 된다.

그러나 일부는 에이다가 직접 작성했다는 증거가 없다는 이유를 들어 이를 거부하기도 하고, 배비지의 자서전에도 정확히 누가 했다는 말이 없이 모호하게 기록되어 있다. 배비지의 차분기관과 해석기관은 당대에는 기술적 한계로 인하여 만들어질 수 없었고, 1991년에야 차분기관이 완성되었고, 배비지의 설계가 유효하다는 것이 입증

되었다. 베비지는 해석기관을 단순히 계산을 하는 기관으로 이해하였는데, 에이다는 예를 들면 음악 작곡과 같은 창작 활동에 해석기관이 다양하게 쓰일 수 있다고 하였다. 이것은 현대 컴퓨터의 개념과 일치한다. 19세기의 뛰어난 여성 수학자이면서 미래의 컴퓨터를 예측할 정도의 지성을 가진 에이다는 그만 암에 걸리고, 사혈요법을 잘못 받아 36세의 나이로 사망하였다.

인간의 역사는 기록의 역사이다. 그러면서 또한 계산의 역사이다. 세상의 모든 것들은 정성적으로만 설명되어서는 곤란하다. 실생활에서는 정성적인 것보다 정량적인 것이 훨씬 중요한 법이니까. 예를 들어 '세금을 내야 한다'는 정성적이지만, '이번 소득세로 200만 원을 내시오' 하면 정량적이 된다. 처음에는 다들 머리와 손으로 계산을 했다. 그러나 숫자가 커지고 점점 양이 많아지면서 계산 속도가 문제로 등장한다. 결국 주판이 등장하였다. 주판은 기원전 3천 년 무렵에 메소포타미아에서 처음 사용되었다고 추정되고 있다. 우리나라 역시 해방 이후에도 계속 주판을 사용했었고, 당시 상업학교에서 주산은 필수 중에서도 필수 과목이었다.

주판 이후에는 별다른 진전이 없다가 17세기에 들어와 파스칼과 라이프니츠의 계산기가 나왔다. 그래도 이것이 문명의 진보를 확 앞당기지는 않았다. 19세기에 들어와 배비지의 해석기관이 제안되었으나 만들어지지는 못했다. 이론과 설계도는 있었으나 제작 기술이 뒷받침되지 못했다. 제2차 세계 대전이 시작되고 독일군의 암호 기계인 에니그마(Enigma)를 해독하기 위해 앨런 튜링(1912-1954)이 봄브(The Bombe)를 만들었으며, 1945년 영국에서 세계 최초로 프로그래밍이 가능한 디지털 컴퓨터 콜로서스(Colossus)가 탄생하였다. 하지만 콜로서스는 내장된 프로그램으로 작동하는 것이 아니라 스위치와 플러그로 움직였다. 그리고 1946년 에니악이 나왔다. 드디어 컴퓨터 시대가 시작되었다. 참고로 배비지의 차분기관은 20세기 후반인 1991년 완성되어 작동하였다.

컴퓨터는 하드웨어와 소프트웨어, 두 부분으로 나뉜다. 하드웨어는 말 그대로 컴퓨터를 이루고 있는 기계 부분이다. 그러나 이 부분은 소프트웨어가 없으면 무용지물이다. 아무것도 할 수 없는 고철에 불과하다. 이런 하드웨어에 생명을 불어넣는 것이 소프트웨어이다. 그러면 소프트웨어는 어떻게 만들어질까? 소프트웨어는 컴퓨터가 인식할 수 있는 프로그래밍 언어를 사용하여 제작된다. 최초의 언어는 기계어였다. 0과 1, 두 개의 숫자를 이용하여 코드를 짠 다음 이것을 하드웨어에 집어넣으면 컴퓨터가 인식하고 그대로 수행하였다. 예를 들어 더하라는 명령어가 [10011000]이라면, 사람이 이 숫자를 천공 카드나 마그네틱테이프에 입력한 다음 컴퓨터에 입력하였다. 컴퓨터마다, 정확히는 컴퓨터 중앙처리장치(CPU)마다 명령어가 다르기 때문에 사람은 고생을 하고 기계는 아주 편하다.

사람의 고생을 덜기 위하여 언어가 한 단계 진화했는데, 이것이 어셈블리어다. [10011000]이라는 명령어를 [add]로 바꾸면 훨씬 작업하기가 수월하다. 오퍼레이터가 add를 입력하면 컴퓨터는 '어셈블러'라는 것을 이용하여 [add]를 [10011000]으로 바꾼 다음 일을 한다. 그러나 여기서 포기할 인간이 아니다. 이제는 컴퓨터 위주가 아니라 사람 위주로 바꾸기로 한다. 사람이 이해할 수 있는, 사람의 언어와 흡사한 형태로 프로그래밍 언어를 만들기로 하였다. 그 결과 A언어가 나오고, B언어가 나오고, C언어가 나왔다.

현재 우리가 가장 많이 사용하는 언어가 C언어이며, 여기에 C^{++}, Visual C 등이 추가되었다(다른 언어로는 베이직, 포트란, 코볼, 파스칼, 자바, 파이썬 등이 있다). 당연히 이런 언어는 컴퓨터가 이해할 수 없다. 그래서 우리가 C로 코드를 짜면, 이것을 어셈블러가 해석하여 기계어로 만든다. 그러면 컴퓨터는 기계어를 이해하고 그대로 작업을 수행한다. 에이다가 만든 언어는 무엇이었을까? 그녀가 제안한 제어문의 개념은 후에 만들어진 어셈블리어 개념에 포함되었다. 미국 국방부와 계약을 맺은 프랑스 회사에 의하여 1980년 만들어진 새로운 프로그래밍 언어에 그녀를 기념하여 '에이다(Ada)'라는 이름이 붙었다.

26. 인간,
동물로 분류되다

- '식물학의 시조' 칼 폰 린네와 '호모 사피엔스'에 얽힌 이야기

1728년 웁살라 대학에 진학한 린네는 대학의 식물원에 매혹되었고 2학년 때 "Praeludia Sponsaliorum Plantarum"이라는 식물의 성(性)에 대한 논문을 발표했다. 이 제목은 라틴어인데, 뜻은 '시작-약혼-식물'이다. 즉 식물의 결혼의 시작이라 해석될 수 있다. 꽃잎은 침대, 암술은 신부, 수술은 신랑으로 비유하여 식물도 성별이 있음을 보였다. 이 논문은 교수 루드베크(1660-1740)의 눈길을 끌었고, 덕분에 린네는 학부 2학년생임에도 불구하고 시범 강좌를 맡아 수업을 할 수 있었다. 정말 놀랄 일이다! 린네의 능력이 아니라 스웨덴 웁살라 대학의 분위기가 정말 놀랄 일이다.

246~247쪽 그림은 스웨덴의 화가이자 고고학자인 부르세비츠(1812~1899)가 1866년에 그린 「린네와 제자들」이라는 그림이다. 가운데

앉아서 이야기를 하고 있는 사람이 린네이며, 그의 주위를 학생들이 둘러싸고 있다. 린네(1707~1778)는 평생 꽃을 사랑하고 정원을 가꾸었는데, 그림의 배경은 이에 걸맞게 아름다운 정원으로 꾸며졌다. '식물학의 시조'로 불리는 린네는 그때까지의 생물 분류법을 체계적으로 정리하였다. 어릴 때부터 식물, 특히 꽃에 많은 관심을 가졌던 린네는 아버지 덕분에 자신의 소질을 잘 키울 수 있었다. 린네의 아버지 닐스는 정원에서 아들과 많은 시간을 보냈다고 한다.

식물의 성은 꽃으로 구분된다. 암술과 수술이 동물에서의 암컷과 수컷의 역할을 한다. 린네는 이것을 가지고 식물을 분류하기 시작했다. 물론 그러려면 아주 많은 표본이 필요했고, 젊은 시절의 린네는 스칸디나비아 반도를 여행하며 다양한 식물을 수집하였다. 그리고 이런 자료를 모아 식물과 동물에 관한 여러 책을 출판하였고 웁살라 대학의 교수가 되었다. 린네는 조금 특별한 경험을 하게 되는데, 웁살라 대학의 동료 교수였던 안데르스 셀시우스(1701~1744)와의 교류다. 우리가 온도를 말할 때, 예를 들어 '섭씨 25도'라고 할 때는 섭씨 온도를 따르는 것인데, 이 섭씨(攝氏)라는 단어가 셀시우스의 한자 표기다. 셀시우스(섭이수사攝爾修斯)가 '섭'이 된 것이다. 참고로 화씨(華氏)는 파렌하이트(화륜해특華倫海特, 1686~1736)에서 왔다. 1742년 셀시우스는 물의 끓는점을 0도, 어는점을 100도로 정했었다. 그런데 이런 스케일이 불편해서 린네가 뒤집었다. 그래서 오늘날 우리는 물의 어는점을 0도, 끓는점을 100도로 사용한다. 그런데, 셀시우스가 린네를 만나

19세기 스웨덴 화가
구스타프 부르세비츠가 그린
「린네와 제자들」(1866).
식물학의 시조 칼 폰 린네와
제자들의 한때를 그렸다.

지 못했다면 오늘날 우리는 어는점을 100도, 끓는점을 0도로 사용하고 있을까? 물론, 그렇지는 않다. 왜냐하면 다른 누군가 바꾸었을 수도 있기 때문이다. 뜨거워지면 에너지가 많아지는 것이고, 그러면 그 양을 나타내는 숫자도 증가하는 것이 우리가 받아들이기에 훨씬 합리적이다.

1750년 웁살라 대학의 총장이 된 린네는 여러 제자들을 세계 곳곳으로 파견하여 식물, 동물, 광물을 수집하게 했다. 그런데 여기서 문제가 발생한다. 아직까지도 세계는 여행하기에 힘든 곳이었고, 따라서 희생자가 발생하였다. 첫 번째로 출발한 탄스트롬이라는 사제는 부인과 아이들도 있었는데, 여행 도중 병에 걸려 사망하고 린네는 곤란한 입장에 놓이게 되었다. 그래서 린네는 젊고 미혼인 제자들을 파견하는 쪽으로 방향을 바꾸었다. 옛날이나 지금이나 가족 중의 누가 집을 떠나면 남아 있는 가족들은 근심걱정을 하기 마련이다.

18세기 사람이었던 린네는 유전에 대하여는 몰랐지만(린네는 1778년에 사망하고 멘델은 1822년에 태어났으므로, 린네가 살았던 시대는 아직 유전학이 발전하기 전이었다) 정확한 과학적인 사고를 하는 사람이었다. 그는 사람이 생물학적으로 동물의 일부라고 하여, 인간을 분류학에 집어넣었다. 린네는 사람을 영장류로 분류하였으며, 그 이유는 그가 관찰한 결과 사람과 원숭이는 말하는 것을 빼고는 해부학적으로 거의 같다는 것이다. 그렇다! 사람과 침팬지는 98%의 유전자가 같고, 사람과 오랑우탄은 97%가 같다고 한다. 린네의 관찰이 정확했던 것이다. 오랑우탄(Orang

Hutan)은 말레이어에서 왔는데, 오랑은 사람, 후탄은 숲이라는 의미이므로, 오랑우탄은 '숲에 사는 사람'이다. 정말 그럴듯하다. 그리고 린네의 분류는 역시 문제를 만들었다. 사람을 만물의 영장에서 원숭이 레벨로 끌어내린 것이다. 그리고 기독교에서 말하기를, 신이 자신의 형상으로 인간을 만들었는데, 그러면 원숭이도 신이 자신의 형상으로 만든 것이 된다. 이것은 기독 신학에서 도저히 받아들일 수 없는 것이었다.

린네의 가장 큰 업적은 이때까지 제대로 정립되지 못하고 있던 이명법(속명을 대문자로 먼저 쓰고, 종명을 소문자로 뒤에 쓴다. 학명이라 한다)을 확고하게 세운 점이다. 그는 자신의 모든 저술에 일관되게 이명법을 사용함으로써 이것을 달성하였다. 사람의 학명은 호모 사피엔스(Homo sapiens)인데, 린네가 지었다(라틴어로 호모는 '사람'이고 사피엔스는 '지혜로운'이다). 린네의 분류표에서 인간의 지위가 조금 높아지기는 했으나, 세간의 많은 사람들은 여전히 인간이 강등(?)되었다고 느꼈다고 한다. 물론 린네의 분류가 모두 정확한 것은 아니다. 그의 시대에는 현대에 비해 다양한 관찰 도구가 부족했으며, 이것은 꼭 린네의 잘못은 아니다. 린네가 세운 이명법과 분류 체계는 현대 생물학의 기초가 되어 지금도 내려오고 있다.

현대 생물학에서는 생물을 크게 3개의 그룹으로 나눈다. 몇 가지 다른 방법이 있기는 하지만 우리나라 과학책은 3역 분류법을 따르고 있다. 3역에는 고균역, 세균역, 진핵생물역이 있다. 바이러스는 여기에 포함되지 않는다. 바이러스는 생물과 무생물의 중간 단계로 구분된다.

고균역은 고세균역이라고도 하며, 원핵생물, 즉 핵이 없는 세포로 이루어진 생물이다. 그러나 당연히 DNA는 있다. 종류는 메탄생성균, 극호염성균, 호열성균, 초고온성균 등이 있다.

세균역은 세균, 즉 박테리아를 말한다. 역시 원핵생물이며, 박테리아라는 말은 '작은 막대기'라는 그리스어에서 왔다. 세균은 약 40억 년 전의 화석이 발견됨으로써 그 역사가 아주 길다. 세균은 단세포 생물이며, 크기는 마이크로미터 단위이다. 지구상의 어느 곳이나 세균이 존재한다. 심지어 사람 몸속에도 있다. 대장균이 그것이다. 세균은 자연계의 분해자로서 아주 중요한 역할을 하고 있으며, 살아 있는 동식물 중 무균 상태는 없다고 한다. 즉 우리 몸뿐만 아니라, 키우고 있는 식물 그리고 반려동물에도 모두 세균이 존재한다. 소의 소화기관에는 세균이 살고 있다. 세균이 죽으면 단백질의 형태로 소의 몸에 흡수가 되니, 소는 따로 단백질을 안 먹어도 잘 큰다고 한다. 이런 단백질을 우리 인간이 열심히 먹고 있다. 그러니 세균의 몸을 이루는 단백질이 소의 몸이 되고, 다시 인간의 몸이 된다. 요구르트는 우유를 유산균으로 발효시킨 음식이다. 유산균하면 '대체 뭐지?'라고 할 수도 있지만, 유산균은 젖산균의 다른 이름이다. 유산균은 유산 즉 젖산을 생성하는 세균으로서, 사람의 장 속에서 유해 세균의 증식을 막는 능력이 있다. 산을 분비하므로 당연하다. 하지만 계속 증식하면서 산을 분비하면 자기 자신도 산에 죽어버린다. 신김치가 마지막 순간 냄새가 나면서 물러지는 때가 바로 이때이다. 김치에서 유산균이 점점 증식하면 김치가 시어지는데, 산성도가 너무 높아지면 유산균도 사망하고 김치는 쓰레기통으로 간다.

진핵생물역은 핵이 있는 진핵세포를 가진 생물이다. 더불어 미토콘드리아나 엽록체와 같은 세포소기관들이 있다. 원핵세포의 DNA와 달리 진핵세포의 DNA에는, 어쩌면 우리가 아직 제대로 몰라서일 수도 있지만, 필요 없는 부분이 많이 있다. 진핵생물은 우리가 익히 알고 있는 동물과 식물, 곰팡이 등이 전부 포함된다. 수가 무척 많을 것 같으나, 그렇지 않다. 사람 몸속에 살고 있는 세균 수는 사람 몸 세포 수보다 10배는 많다고 한다. 진핵생물은 소수의 생물 그룹이다. 진핵생물은 크게 나누면 원생동물계, 유색조식물계, 균계, 식물계, 동물계로 나뉜다. 이렇게 다섯 그룹은 계의 단계이다(종-속-과-목-강-문-계). 예전 생물 분류는 계가 가장 상위 그룹이었으나, 이제는 계(Kingdom) 위에 역(Domain)이라는 단계가 하나 더 생겼다.

원생동물(原生動物)은 하나의 세포로 구성된 생물(세포 하나가 한 개체)로서, 크기가 작아 현미경으로 봐야만 보인다. 유글레나, 야광충, 아메바, 유공충, 말라리아원충, 짚신벌레, 나팔벌레 등이 있다.

유색조식물계에는 엽록체를 가지고 있는(그래서 색이 있다) 조류 및 이들과 관련 있는 동물들이 들어간다. 조류(藻類, 조류의 조藻는 마름 조이다. 마름은 한해살이 수초다)는 주로 수중에서 생활하는데, 광합성을 할 수 있으므로 독립적으로 생존한다. 녹조류(파래, 청각 등), 갈조류(미역, 다시마 등), 홍조류(김, 우뭇가사리 등)는 식탁에 자주 오르는 아주 유용한 식품이다.

균계에는 우리가 잘 아는 효모(곰팡이와 친척 관계다), 곰팡이, 버섯 등이 속해 있다. 여기에 속하는 생물은 광합성을 못하기 때문에, 다른 생물에 붙어서 기생 또는 부생(腐生, 부생의 부腐는 썩을 부이다)을 한다. 그러나 균계가 해만 끼치는 것은 아니다.

효모는 무려 1,500여 종이나 있는데, 우리말로는 누룩, 영어로는 이스트라고도 한다. 빵이나 맥주의 발효에 필수적인 아주 고마운 존재다. 효모는 산소가 필요 없는 무기호흡을 할 때 알코올과 이산화탄소를 내놓는다. 효모가 단당류를 분해하면서 발생한 이산화탄소가 빵 반죽을 부드럽게 부풀어 오르게 한다. 우리는 누룩으로 막걸리를 만들고, 맥주를 만드는 데는 맥주효모가, 포도주를 만드는 데는 포도주효모가 이용된다. 효모가 없었다면 술도 없었을 것이고, 그렇다면 인간의 행복지수는 상당히 내려갔을 것이 분명하다!

곰팡이 역시 인간에게 아주 중요한 역할을 한다. 플레밍이 페니실린을 발견한 것은 푸른곰팡이로부터였다. 곰팡이로 만드는 음식도 꽤 많다. 대표적인 것으로는 치즈, 간장, 된장, 고추장이 있다.

버섯은 우리가 즐겨 먹는 식재료이다. 물론 독버섯도 있으므로 모르는 버섯은 절대 먹지 않는 것이 오래 사는 길이다. 주로 먹는 버섯은 송이, 표고, 양송이버섯 등이 있으며, 특히 송로버섯(트러플)은 세계 3대 진미로 꼽힐 정도이다(3대 진미 중 나머지 두 개는 푸아그라와 캐비어다).

식물계는 나무와 풀로 나눌 수 있으며, 일반적으로 동물이 아닌 것을 식물이라 한다. 거의 모든 식물이 엽록체가 있어 광합성을 할 수 있으나, 일부는 광합성을 못하고 다른 생물체에 기생해서 사는 것도 있다. 식물계는 세 개의 그룹으로 나눌 수 있는데, 선태식물, 양치식물, 종자식물이다.

선태식물(蘚苔植物, 이끼 선, 이끼 태)은 바다와 사막을 제외한 지구의 모든 곳에 분포되어 있다. 이끼는 식물이므로 당연히 광합성을 한다. 그러므로 물만 있으면 어디서나 자란다. 그러나 강한 햇빛을 계속 받으면 말라 죽을 수도 있다.

양치식물(羊齒植物, 양 양, 이끼 치)은 체관과 물관(관다발조직)이 있지만 꽃이나 씨를 만들지 않고 포자로 번식하는 식물을 말한다. 대표적인 것이 우리가 즐겨먹는 고사리이며, 세계적으로 가장 많이 퍼져 있는 양치류이다. 보통 익혀서 먹거나 소금에 절여서 먹는다. 독성이 있으므로 익혀 먹어야 한다. 초식동물은 물론 벌레도 고사리를 먹지 않는다고 한다.

식물계의 마지막은 종자식물이고, 이것이 우리가 흔히 식물이라 부르는 것이다. 종자식물은 씨를 퍼뜨려서 번식하는 식물을 말하며, 크게 겉씨식물과 속씨식물로 나눌 수 있다.

겉씨식물은 씨가 겉으로 드러나 있는 식물로서, 소철류, 은행나무류, 구과식물(毬果植物, 공 구, 열매 과)류, 마황(麻黃, 삼 마, 누를 황)류로 나뉘어진다. 소철류에는 소철이 있다. 소철은 암수 딴그루로서, 주로 조경

수로 식재하는데, 잎과 줄기에 독성이 있어 먹으면 큰일 난다. 은행나무류에는 은행나무가 있다. 은행나무는 독특하게도 단 한 종만이 지구상에 살아남아 있다. 간단히 말해서 친척들이 전부 멸종한 것이다. 은행나무 역시 암수 딴그루로서, 은행은 당연히 암나무에만 열린다. 구과식물류는 우리가 침엽수라 부르는 것이며, 역시 암수딴그루이나, 소나무는 한 그루에 암꽃과 수꽃이 함께 핀다. 그러나 수정은 서로 다른 소나무끼리 한다. 구과는 영어로 콘(Cone)이며, 소나무, 전나무 등의 원뿔형 열매를 가리키는데, 우리가 먹을 수 있는 열매는 아니다. 구과식물에는 소나무, 가문비나무, 전나무, 측백나무 등 우리가 잘 아는 것들이 많다. 마황류에는 마황이 있다. 속씨식물과 겉씨식물의 중간 정도 식물이다. 마황은 중국과 몽골에 많이 분포하며, 한약재로 쓰인다. 한의학에서 마황은 감기약으로 처방되는데, 그 이유는 발한작용 때문이다. 하지만 마황에는 에페드린 성분이 들어 있으므로 조심해야 한다. 에페드린을 변형시킨 것이 슈도에페드린이고, 이것은 감기약에 들어 있다. 이론적으로는 슈도에페드린을 가지고 필로폰을 만들 수 있다(실제로 감기약으로 필로폰을 만든 사례가 우리나라에도 있었다).

식물에서 가장 진화한 속씨식물은 씨방 속에 씨가 들어 있다. 그리고 꽃이 피기 때문에 꽃식물이라고도 한다. 속씨식물은 쌍떡잎식물과 외떡잎식물로 나뉘는데, 종자가 발아하여 처음 나오는 떡잎의 개수로 나눈 것이다. 우리가 먹는 콩나물 머리는 콩의 떡잎이다. 일반적으로 속씨식물의 열매를 과일로 먹는다. 주로 씨가 들어 있는 씨방이 자라는 경우가 많으나(그래서 과일 안에 씨가 들어 있다) 꼭 그렇지만은 않다. 감, 감귤은 씨방이 자라서 과일이 되지만 사과나 배는 꽃턱이 자라서 과일이 된다. 어떤 것이 과일이냐 채소냐 하는 논쟁은 지금도 계속되고 있다. 사과, 배, 감, 귤, 자두, 복숭아, 호두, 밤 등은 과일로 분류하고 딸기, 수박, 참외, 토마토는 채소로 분류한다. 나무에서 열리면 과일이고 그렇지 않으면 채소, 매년 열리면 과일이고 그렇지 않으면 채소로 본다고 한다. 우리나라에는 이런 모호한 구분을 피하기 위하여(?) 과채류라는 항목이 따로 있지만, 결론은 맛있게 잘 먹으면 된다.

사람을 포함하여 엽록체가 없고 다세포생물이며, 운동 능력을 가지고 있는 생명체가 동물계에 들어간다. 동물계의 정식 분류표는 상당히 복잡하고(30개 이상으로 나눌 수 있다) 아직도 논쟁 중인 부분이 많으니 조금 간단하게 나누어 알아보는 것이 좋겠다. 10개 정도로 나누어지는데, 다음과 같다. 해면동물, 자포동물, 편형동물, 선형동물, 윤형동물, 연체동물, 환형동물, 절지동물, 극피동물, 척삭동물이다. 예전에는 척추동물과 무척추동물로 나누었는데, 지금은 척삭(脊索, 등마루 척, 노 삭)이라는 것으로 바뀌었다. 척삭은 발생시에 생기는 것으로 나중에 척추로 바뀐다.

해면동물(海綿動物, 바다 해, 솜 면)은 해면을 말하며(해면도 종류가 많다) 영어로는 스펀지(Sponge)다. 네모바지 스폰지밥이 해면이다.

자포동물(刺胞動物, 찌를 자, 세포 포)은 예전의 강장동물(腔腸動物, 속 빌 강, 창자 장)을 말하며[정확히는 자포동물 더하기 유즐동물(有櫛動物, 있을 유, 머리빗 즐)이 강장동물이다], 해파리(빗해파리는 유즐동물), 히드라, 말미잘, 산호 등이다. 자포는 자포동물의 촉수에 주로 있는데, 먹이나 포식자 등의 외부 물체와 접촉하게 되면 발사되는 독이 있는 세포이다.

편형동물(扁形動物, 작을 편, 모양 형)은 홀로 사는 것도 있지만, 다른 동물에 기생하는 것이 많다. 물고기 아가미나 피부 또는 변온동물에 기생하는 흡충류(개구리쌍구흡충은 황소개구리에도 기생한다), 척추동물에 기생하는 흡충류(간디스토마, 촌충 등), 독립 생활하는 플라나리아 등이 있다.

선형동물은 가장 널리 퍼져 있는 동물로서 민물, 바닷물에서부터 남극까지도 분포한다. 회충, 요충, 십이지장충, 편충, 예쁜꼬마선충 등이 있다.

윤형동물(輪形動物, 바퀴 윤, 모양 형)에는 참윤충, 거머리윤충, 물수레벌레 등이 있으며, 폐수의 세균을 먹어치운다고 한다.

연체동물(軟體動物, 연할 연, 몸 체)은 말 그대로 연한 몸을 가진 동물로서 사람과 아주 밀접한 관계를 가지고 있다. 게다가 아주 잘 움직일 수 있는 상당히 발달한 동물이다. 민물에 사는 달팽이부터 바다에 사는 대왕오징어까지 다양한 환경에서 다양한 크기의 동물들이 있다. 조개, 소라, 고둥, 굴, 우렁이, 다슬기, 달팽이, 문어, 낙지, 오징어 등 우리가 즐겨 먹는 동물군으로서, 식당에서 해물을 주문하면 대부분 연체동물이다.

환형동물(環形動物, 고리 환, 모양 형)은 몸통이 고리 모양의 동물로서, 꾸물거리는 모양 때문에 많은 여성들이 아주 싫어하는 동물이다. 지렁이, 거머리, 개불 등이 있다. 개불은 연체동물은 아니지만 사람이 먹는다. 개불이 지렁이와 친척이라는 것을 알면 못 먹는 사람이 나올 수도 있겠다. 그러나 원칙적으로 독성이 없으면, 인간은 뭐든지 다 먹을 수 있는 혼합식 동물이다(왠지 잡식이라는 단어보다는 혼식 또는 혼합식이 더 어감이 좋다).

절지동물(節肢動物, 마디 절, 팔다리 지)은 대단한 특성을 가지고 있는데, 지구상에 존재하는 동물의 4분의 3이 절지동물에 속하며, 알려진 종류만도 90여 만 종에 이른다. 그러니 우리가 눈만 돌리면 벌레를 만날 수밖에. 절지동물 중 우리가 식용으로 하는 것은 주로 갑각류(게, 바닷가재, 새우 등)이다. 그러나 거미나 전갈도 식용으로 하는 지역이 있고, 곤충 역시 많은 지역에서 식용으로 이용된다.

극피동물(棘皮動物, 가시 극, 가죽 피)에는 성게, 불가사리, 해삼 등이 속한다. 성게와 해삼은 우리가 즐겨 먹는 식재료이다. 여기까지가 척삭이 없는 동물로서 예전에는 무척추동물이라 하였다.

척삭동물은 과거의 척추동물을 말하며, 여기에는 포유류(哺乳類, 먹일 포, 젖 유), 조류(鳥類, 새 조), 파충류(爬蟲類, 기어다닐 파, 벌레 충), 양서류(兩棲類, 두 양, 깃들일 서), 어류(魚類, 물고기 어)가 포함된다. 그러나 척삭이 있는 다른 동물들이 발견되었다. 멍게, 미더덕, 창고기, 장어류 등이다(결론적으로 멍게와 미더덕이 낙지나 문어보다 우리와 더 가깝다). 척삭동물은 척삭이라는 공통

점이 있으므로 거슬러 올라가면 공통 조상을 찾을 수 있을 것이고, 그렇다면 인간과 멍게는 같은 조상을 가지고 있는 셈이다.

젖을 먹여 새끼를 키우는 포유류는 사람을 포함하여 원숭이, 사자, 호랑이, 코끼리, 소, 돼지, 토끼, 쥐 등이다. 대략 5,000종류가 있다고 한다. 포유류 역시 사람의 식재료로 많이 쓰인다(주로 소와 돼지). 그리고 털이 두툼하게 있어, 사람의 의복으로 많이 사용된다(가죽을 홀딱 벗긴 다음 털이 안으로 가도록 뒤집어서 입는다).

날개가 있어 하늘을 날 수 있는 조류는 가장 작은 벌새부터 가장 큰 타조까지 있다. 조류 역시 식재료로 쓰이는데, 대표적인 것이 닭이며, 여기에 오리, 식용 비둘기 등이 들어간다. 우리나라에서 1년에 도축되는 닭은 대략 9억 마리 이상이라고 한다. 1인당 20마리씩 먹은 셈이다(한 달 평균 두 마리).

기어 다니는 벌레라는 뜻의 파충류는 아마 인간이 가장 싫어하면서 가장 무서워하는 동물일 것이다(그러나 애완용으로 키우기도 한다). 파충류 역시 인간의 식재료 신세에서 벗어날 수 없다. 뱀, 거북, 자라, 악어 등이 식탁에 잘 오르는 파충류이다. 그리고 단단한 껍질을 가졌다는 이유만으로, 여성들의 핸드백이나 남성들의 부츠로 탈바꿈하기도 한다.

물과 뭍, 양쪽에서 산다는 뜻의 양서류는 파충류와 비슷하나 훨씬 더 작은 크기와 약간은 귀여운 모습을 하고 있다. 개구리, 두꺼비, 도롱뇽, 맹꽁이 등이 포함된다. 양서류는 별로 먹지 않지만, 오통

통한 개구리 뒷다리는 아주 오래전에 시골에서 아이들의 맛난 간식이었다.

물에 사는 어류는 우리가 물고기라 부르는 생물이다. 열대 지방에서부터 남극과 북극까지, 민물에서 바닷물까지, 심지어 동네 냇가에도 물고기가 산다. 대략 2만~3만 종류가 있으며, 척추동물 전체의 절반을 어류가 차지한다. 그러니 사람들이 생선을 열심히, 그것도 종을 가리지 않고 먹어댈 수밖에. 우리가 먹는 생선만 읊어도 몇 페이지를 쓸 수 있다. 요리법도 참 다양하다. 구워먹고, 쪄먹고, 조려먹고, 탕으로 먹고, 회로도 먹는다. 인간들의 창의성에 놀라지 않을 수가 없다.

27. 67미터 진자,
판테온에서 지구 자전을 그리다

– 천문학적 관측 없이 지구 자전을 최초로 증명한 푸코의 진자 실험

나는, 안경을 쓴 청년과 유감스럽게도 안경을 쓰지 않은 처녀
가 나누는 무신경한 이야기 소리에 정신을 차렸다.

「푸코의 진자라고 하는 것이야. 첫 실험은 1851년 지하실에서
있었고, 그 다음에는 옵세르바뚜아에서 선보였다가 빵떼옹의
궁륭 천장 밑에서 다시 공개되었지. 당시 실험에는 길이 67미
터짜리 철선과 무게 28킬로그램짜리 구체가 쓰였대. 그러다
1855년부터는 축소형으로 제작해서 이렇게 늑재 한가운데 구
멍을 뚫고 거기에 매달아놓은 거라.」

청년의 말이었다.

「이게 어쨌다는 거야? 그저 매달아둔 거야?」

「지구가 자전하고 있다는 걸 증명하는 거지. 지점은 움직이지

「르 프티 파리지앵」 1902년 11월 2일자에 실린 삽화로, 니콜라 플라마리옹이 판테온에서 푸코의 진자 실험 개시를 알리는 모습이다. 푸코의 진자는 천문학적인 관측 없이 지구의 자전을 증명한 최초의 실험이다.

않는데도 불구하고.」

「왜 안 움직여?」

「응, 저 점…… 중심점 말이야, 그러니까 저기 보이는 저 중심
에 있는 점이 바로…… 기하학적인 점이라는 건데 보이지는
않을 거야. 기하학적인 점에는 용적이 없으니까. 용적이 없는
것은 좌우로든 상하로든 움직이지 못해. 따라서 지구와 함께
돌지 않는 것지. 알아듣겠어? 자체가 공전할 수도 없어. 〈자
체〉라는 게 아예 없으니까.」

「지구는 돌잖아?」

「지구는 돌지. 그러나 저 점은 안 돌아. 묘한 거지. 내 말 믿어
도 돼.」

  - 『푸코의 진자1』, 움베르트 에코 지음, 이윤기 옮김, 열린책들, 2007, 20-21쪽.

　　1851년 레옹 푸코(1819-1868)는 파리 판테온의 천장에 28킬로그램
의 추가 달린 길이 67미터 진자를 매달고 실험을 하였다. 261쪽 그림
을 보면 오른쪽 붉은 옷을 입은 소녀 너머, 관람객들과 분리해주는
난간 옆에 턱수염이 더부룩한 남자가 손에 하얀 종이를 들고 있다.
실험의 시작을 알린 니콜라 카미유 플라마리옹(1842-1925)이다. 플라
마리옹 왼쪽에 왼손에 하얀 장갑을 들고, 오른손으로 진자 추의 손
잡이를 잡고 서 있는 남자가 레옹 푸코다(머리 스타일과 콧수염으로 알 수 있
다). 추 너머에 서 있는 카이저 수염을 한 남자는 아마 공식 참관자일

것이며, 과학자로 추정된다. 추의 왼편에 보이는 노란색 원판이 추의 흔들림을 확인할 수 있는 각도계이다. 지구가 자전하지 않는다면, 추는 계속 같은 경로로만 흔들릴 것이며, 지구가 자전한다면 추의 경로는 지구 자전 방향과 반대 방향으로 돌아갈 것이다.

지구는 스스로 회전을 하는 자전운동(rotation)과, 태양의 주위를 도는 공전운동(revolution)을 하고 있으며, 오늘날 그것을 모르는 사람은 없다. 그러나 고대 사람들은 지구가 자전이나 공전을 하고 있다는 것을 잘 몰랐다. 그래서 그들이 만든 세계는 지금과 사뭇 다르다. 지구는 가만히 있으며, 태양이 동쪽에서 떠서, 하늘을 가로지른 다음, 서쪽으로 진다고 생각했다. 그리스 신화에서는 태양의 신 헬리오스가 불마차를 타고 하늘을 가로질러 간다고 했다. 우리가 바라보는 하늘은 천구라는 둥근 형태의 공이며, 여기에 별들이 붙어 있다고 상상했다.

아리스토텔레스 역시 지구는 정지해 있으며, 지구를 중심으로 우주가 회전한다고 하였다. 천동설의 주창자 프톨레마이오스도 지구의 자전을 믿지 않았으며, 만약 지구가 자전한다면 엄청난 강풍이 불 것이라고 하였다. 그러나 지구와 지구를 둘러싼 대기는 함께 돌고 있다. 그러므로 상대속도가 0이 되고, 강풍은 불지 않는다. 현실에서 부는 바람은 지구의 자전과 아무 관계가 없다. 우리가 피부로 느끼는 바람은 대기의 불균형에 의한 기압차에 의해 생긴다. 물론 바람의 방향이 휘어지는 것은 지구 자전에 의한 코리올리 효과 때문이지만, 이것이 바람의 근본 원인은 아니다. 고속버스 터미널에서 정지해 있는 버스에 앉아 있는 나를 상상해보자. 다들 이런 경험을 해보았을 것이다. 갑자기 옆 버스가 천천히 앞으로 진행한다. 그러나 실제로는 내가 탄 버스가 천천히 후진한 것이다. 이와 마찬가지로 지구가 정지해 있고, 태양이 지구 주위를 하루에 한 번 공전한다고 하더라도 낮과 밤은 지금과 똑같다. 지구 밖에 나가서 우주에서 지구를 관찰하지 않는 이상 지구의 자전을 알아내는 것은 상당히 힘들다.

지구는 분명히 자전을 하고 있다. 몇 가지 현상을 예로 들어보자. 태양이 동쪽에서 떠서 서쪽으로 진다. 그러나 이것은 위에서 말했듯이 태양이 움직여도 똑같은 상황이 되므로, 증거가 아니라 지구 자전의 결과이다. 하늘에 있는 별들이 하루에 한 번 일주 운동을 한다. 이것 역시 지구는 정지해 있고, 별들이 움직인다고 하면 되므로, 지구 자전의 증거가 아니라 지구 자전의 결과이다. 우주에 있는 별들 중에서 아주 멀리 있는 별, 즉 일주 운동을 하지 않는 별은 서쪽으로 흘러간다. 여기에 착안하여 5세기 인도의 수학자 겸 천문학자인 아리아바타(476-550)는 지구가 자전한다고 주장하였다. 과학적인 관찰에 의한 정확한 결론이다. 그러나 지구는 가만히 있고, 별이 흘러간다고 하면 되므로, 이것 역시 지구 자전의 증거가 아니라 결과이다. 아리아바타는 여기서 더 나아가지 못하고, 지구를 중심에 놓고 태양과 달이 지구를 돌고 있다고 하였다.

별이 서쪽으로 흘러가는 것처럼, 지구 궤도를 도는 인공위성 역시 지구가 서에서 동으로 자전하므로, 인공위성의 궤도가 지상에서 볼 때, 서쪽으로 흘러간다(인공위성 궤도 서편 현상). 이것은 지구 자전의 증거가 된다. 물론 인공위성의 궤도를 서쪽으로 움직이도록 설정을 한다면 우리는 속을 수밖에 없다. 1651년 천문학자 리치올리(1598-1671)가 아이디어를 떠올렸다. 대포를 쏘았는데, 지구가 자전한다면 북반구에서 포탄은 약간 우측으로 휘어져 떨어질 것이라 예측을 한 것이다. 실험 결과는 예측했던 그대로 나왔으며, 이때부터 사람들은 지구의 자전을 받아들이기 시작했다. 대포의 포탄이 휘어져 날아가는 현상은 회전좌표계에서 생기는 겉보기힘(실제로 존재하는 힘은 아니다)인 전향력(코리올리 힘)에 의한 것이다(남반구에서는 코리올리 효과가 반대로 작용하여 포탄이 왼쪽으로 휘어진다). 전향력은 1828년 코리올리(1792-1843)가 제안하였다. 이것은 지구 자전의 증거가 된다. 지구가 회전하기 때문에 지구에서 움직이는 물체는 지구의 회전력, 즉 코리올리 힘을 받는다. 태평양에서 태풍이 우리나라로 이동해 올 때, 동쪽(오른쪽)으로 경로가 휘어지는 것 역시 코리올리 힘 때문이다. 여기에 코리올리 힘에 의한 편서풍의 효과도 더해져 태풍 경로가 오른쪽으로 휘어진다. 그러나 태풍의 경로를 당시 사람들이 눈으로 확인하는 것은 무리였을 것이다.

푸코가 어째서 지구의 자전에 관심을 가졌으며, 어떻게 진자 실험을 고안해냈는지 지금의 우리는 알 수 없지만, 아마 코리올리 효과의 등장으로 착안하지 않았나 싶다. 공중에 떠서 움직이는 물체는 지구의 자전으로 인한 전향력을 받기 때문에, 허공에 매달린 진자 역시 전향력을 받을 것이다. 갈릴레이가 발견한 진자의 등시성은, 진자의 주기가 실의 길이에만 의존한다는 것을 보여준다. 실이 길수록 주기도 길어지므로 진자는 천천히 움직인다. 관찰을 쉽게 하기 위해서는 당연히 실의 길이가 길수록 좋다. 그리고 바람과 같은 공기의 영향으로 추가 움직여버리면 실험은 실패한다. 그러므로 진자에 매다는 추의 무게는 클수록 좋으며, 공기의 흐름을 배제하기 위해 당연히 실내에서 해야만 한다. 상징성도 고려해볼 때, 높은 천장을 가진 파리의 판테온은 실험 장소로 최적이었을 것이다. 푸코의 진자 실험은 말 그대로 공중에 진자를 매달아 흔든 것이다. 이제 지구의 중력과 지구의 자전이 할 일을 하는 것을 기다리는 일만 남았다. 중력은 진자의 추를 당겨 진자가 흔들리게 할 것이고, 지구의 자전은 진자의 진동면이 돌아가게 할 것이다.

실험 결과, 푸코의 진자는 점점 시계 방향으로 움직여 32.7시간 만에 멋지게 한 바퀴를 돌았다. 지구는 자전하고 있었다! 이 실험은 지구와 우주를 관찰하는 천문학적인 토대 없이, 지구의 자전을 증명한 최초의 실험이며, 확실한 실험이다. 2015년 발사된 나사의 심우주 기후 관측 위성(Deep Space Climate Observatory; 지구에서 약 150만 킬로미터 떨어져 있다)이 2016년 찍은 사진에는 지구의 자전 모습이 확실히 찍혀 있다(http://epic.gsfc.nasa.gov/#2016-05-29 참조). 이제는 누구도 지구의 자전을 부정할 수 없다.

푸코는 원래 의사가 되려고 파리의과대학에 입학하였는데, 첫 해부학 시간에 피를 보고 기절했다고 한다. 3년 동안 버텼으나 결국 피에 대한 공포를 떨치지 못하고 물리학으로 방향을 돌렸다. 푸코가 의사가 되었다면 푸코의 진자는 세상에 나오지 못했을 것이다. 이 실험으로 푸코는 전 세계에 이름이 알려졌다.

그런데, 잠깐. 지구는 분명 24시간에 한 번 자전을 하는데, 왜 푸코의 진자가 한 번 완전히 회전하는 데는 32.7시간이 걸릴까? 푸코의 진자를 북극에 설치했다고 가정해보자. 그러면 이 진자는 24시간에 시계 방향으로 한 번 회전한다. 그렇다면 이번에는 적도에 설치해보자. 어떻게 될까? 푸코의 진자는 회전하지 않는다. 왜 그럴까? 지금 북극 상공에 내가 떠 있다고 상상해보자. 그리고 아래에 있는 지구를 내려다보자. 그러면 지구는 서에서 동으로 자전하므로(왜 서에서 동일까? 지구는 둥근 모양이니까 동에서 서로 돈다고 해도 아무 상관이 없을까? 아니다. 나를 기준으로 해야 한다. 북쪽을 바라보면 왼손이 서쪽이고 오른손이 동쪽이다. 해가 동쪽에서 떠서 서쪽으로 이동한다. 즉 지구는 서에서 동으로 자전한다), 시계 반대 방향으로 돌고 있다. 북극에 진자가 설치되면 진자는 고정되어 있으나, 진자 아래에 있는 각도계가 시계 반대 방향으로 지구와 함께 회전한다. 그러나 우리 눈에는 진자가 시계 방향으로 회전하게 보인다. 적도에 있는 각도계는 지구와 함께 그대로 움직여 갈 뿐, 회전하지 않는다(적도에서 푸코 진자의 회전 주기는 무한대가 된다).

푸코가 실험했던 파리는 중위도이다. 그러므로 진자가 24시간보다 길게 한 바퀴 회전한다. 우리나라 서울의 위도는 약 북위 37.6도이다. 그러므로 서울에서 푸코 진자의 주기는 약 40시간 정도 된다. 파리는 북위 48.8도이므로 서울보다 진자의 주기가 짧다. 지구의 자전을 증명한 이 유명한 실험 기구는 국립대구과학관, 서울특별시교육청 과학전시관 등에 있으며 실제로 움직이고 있다.

28. 수학자의 거울,
로마 군선을 불태우다

– 아르키메데스가 조국을 지키기 위해 만들었다는 고대의 최첨단 무기는?

    흔히들 장화 모양이라고 하는 이탈리아반도의 장화 코에 걷어차일 것 같은 위치에 상당히 큰 섬(실은 지중해 최대의 섬)이 하나 있는데, 이름은 시칠리아다.

    로마 초기 시대, 시칠리아섬은 몇 개의 구역으로 쪼개져서 각각 다른 세력의 통치를 받고 있었다. 북쪽에는 메시나가 자리 잡고 있었고, 서쪽은 카르타고의 지배를 받았으며, 동쪽은 그리스인이 세운 식민도시인 시라쿠사의 지배 아래 있었다. 메시나와 시라쿠사 사이에 전쟁이 벌어지자, 메시나는 로마에 도움을 청했다. 그러자 시라쿠사는 로마와 앙숙이었던 카르타고를 끌어들였다. 지중해의 패권을 둘러싸고 로마와 카르타고, 두 강국이 대립하고 있던 상황도 한몫했을 것이다.

아르키메데스의 거울이 로마 군선을 불태우는 데 쓰이는 모습을 묘사한 벽화. 이탈리아 피렌체에 있는 우피치 미술관이 소장하고 있다. 이탈리아의 건축가이자 디자이너인 굴리오 파리기(1571-1635)가 1599년(또는 1600년)에 그린 그림.

이 상황이 120여 년에 걸친 포에니 전쟁으로 번졌다. 그 유명한 카르타고의 명장 한니발(기원전 247-기원전 183?)이 이때 등장한다. 한니발은 제2차 포에니 전쟁 때 알프스를 넘어 로마로 쳐들어가 무려 15년 동안이나 이탈리아 전역을 마음껏 휘젓고 다녔다. 그러나 스키피오 아프리카누스(기원전 235-기원전 183)가 역공으로 카르타고를 공격하자 어쩔 수 없이 본국으로 귀환한다.

옛날이야기는 이쯤에서 접고, 이번 이야기의 주인공인 그리스 수학자 아르키메데스(기원전 287-기원전 212)로 돌아가자. 제2차 포에니 전쟁 중이었던 기원전 214년 로마의 집정관(당시 로마는 집정관이 군단 지휘권

을 갖고 있었다) 마르쿠스 클라우디우스 마르켈루스(기원전 268-기원전 208)
가 시라쿠사를 공격하였다. 쉽게 승리할 줄 알았던 로마는, 시라쿠
사 성벽 위에서 난데없이 갈고리가 날아와 로마 군선을 얽어맨 다음
침몰시키기도 하고, 강한 빛으로 로마 군선이 불타버리기도 하는 등,
도저히 시라쿠사를 점령할 수가 없었다. 왼쪽 그림은 시라쿠사의 수
학자이자 공학자인 아르키메데스가 만든 거울이 로마 군선을 불태
우는 장면이다.

그림을 보면 왼쪽 시라쿠사 성벽 위에서 한 사람이 커다란 거울(사
람과 크기를 비교하면 지름이 거의 2미터 정도임을 알 수 있다)로 햇빛을 반사시켜 바
다 위에 떠 있는 로마 군선에 조준하고 있다. 그러나 볼록거울은 빛
을 퍼지게 하므로(평면거울은 빛을 똑바로 반사하지만 거리가 멀어지면 빛은 퍼질 수밖
에 없다) 군선에 조준하여도 빛이 퍼져 가기 때문에 에너지가 집중될
수 없다. 오목거울을 사용해야 빛을 모아 한 점에 쏨으로써 목표물
을 가열할 수 있다. 아르키메데스라면 분명 이런 사실을 알고 있었을
것이고, 그림의 거울이 오목거울이라면, 반사된 빛은 로마 군선에 한
점으로 모여야 한다. 그래야 에너지가 한 점에 모일 수 있고, 불이 붙
을 수도 있다.

하지만 그림에서 보면 군선까지 가는 반사광은 퍼져 있다. 그러므
로 화가가 살짝 잘못 그린 것으로 보인다. 검은 종이에 햇빛을 모아
서 불을 붙이는 실험에 사용되는 돋보기는 거울이 아니라 볼록렌즈
다. 거울은 금속으로 만들고 렌즈는 유리로 만든다. 그러므로 거울

굴리오 파리기가 그린 「아르키메데스의 발톱(Claw of Archimedes)」. 이것은 '철의 손'이라고 불렸다.

은 빛을 반사하고 렌즈는 빛을 굴절시킨다. 이 두 개의 소자는 광학 적으로 아주 큰 차이가 있다.

결국 로마는 밤에 몰래 특공대를 성 안으로 투입하여 겨우겨우 시라쿠사를 점령할 수 있었다. 그리고 그 와중에 아르키메데스는 로마 병사에게 살해되었다고 한다. 아르키메데스를 죽이지 말라고 명령했던 마르켈루스는 이 소식을 듣고 노발대발했다고 한다. 아르키메데스는 당시 지중해 세계에서 엄청난 유명 인사였던 것이다. 아르키메데스의 죽음에 관해서는 여러 가지 설이 있다. 로마 병사가 집정관을 만나라고 명령하자 아르키메데스가 문제를 푸는 중이라며 거절하였고, 이에 병사가 화가 나서 죽였다는 이야기도 있고, 또 다른 버전으로는 그의 과학 장비들을 약탈하려는 병사에게 살해되었다는 이야기도 있다. 아르키메데스가 남겼다는 "내 원을 밟지 마!"라는 말은 누군가 지어낸 것으로 여겨지고 있다. 집정관 마르켈루스는 아르키메데스를 귀중한 과학적 자산으로 여겼다고 한다. 분명히 포로로 잡아 로마로 모셔갈 생각이었을 것이다.

아르키메데스가 살아서 로마로 갔다면 실용을 최고의 가치로 여겼던 로마의 과학은 훨씬 더 발전했을 것이다. 집정관의 분노를 산 병사는 어찌 되었는지 기록이 없으나, 아마 죽이지는 않았으리라 생각된다. 뿐만 아니라 로마는 전쟁에 진 패장을 절대 죽이지 않았다. 다음 전쟁에 나가서 또 싸우라고 했다. 반면 카르타고는 패장을 사형에 처했다. 현재 공군에서 파일럿 한 명 키우는 데 거의 몇 억이 든다고 한다. 파일럿뿐만 아니라 잘 훈련된 군사들과 아무런 훈련이 되어 있지 않은 신참들은 군사적 가치에서 엄청난 차이가 있다. 로마인들은 장군뿐만 아니라 병사를 키우는 데 얼마나 많은 비용과 시간이 드는지 잘 알았던 것이다.

아르키메데스는 유체에 관한 이론으로 유명하다. 알아낸 순간 너무 신나서 알몸으로 거리를 달려가며 "유레카!"를 외쳤다는, 그 이론 말이다. 또한 아르키메데스는 나선 양수기, 도르래와 지레를 이용한 거중기, 투석기, 주행거리계 등을 발명하였다고 한다. 우리나라에서도 조선 후기 최고의 실학자이자 과학자였던 정약용이 국왕 정조의 명으로 수원 화성을 건설할 때, 거중기를 만들어 사용하였다. 거중기는 복합도르래를 여러 개 조합하여 작은 힘으로 무거운 물체를 들어 올릴 수 있도록 만들어진 기계다. 도르래의 원리는 같으니까, 아르키메데스와 정약용의 거중기는 같은 원리에 기초하고 있음이 틀림없다.

아르키메데스는 파이(먹는 파이가 아니라, 원주율 파이) 값과 루트 3(무리수로서, 소수점 아래 숫자가 끝없이 이어지므로 정확한 값을 아는 것은 불가능하다) 값도 계산해냈다고 한다. 그러나 아르키메데스의 거울 무기는 가공의 이야기라고 주장하는 사람도 있다. 그 이유는 그 무기가 그토록 효과적이었다면, 왜 후세에 더 이상 사용되지 않았냐는 것인데, 상당히 설득력 있는 반론이다. 고대 세계는 밥 먹는 시간 빼고는 언제나 전쟁을 벌이는 것이 하등 이상할 것이 없는 시대였으니까 말이다. 우리가 배웠던 세계사를 보면 상당한 지면이 전쟁 이야기에 할애되고 있고, 인류 역사가 기록된 것만 보아도 거의 5천 년이 넘는데, 지금도 지구상 어딘가에서는 계속 전쟁을 벌이고 있지 않는가?

어쨌든 아르키메데스는 부력에 관한 이론을 남겼고, 이것은 초등학교를 갓 졸업한, 아직도 솜털이 보송보송한 중학교 1학년생들의 과학책에 등장하여 귀여운 아이들을 지금도 괴롭히고 있다. 아르키메데스의 원리는, 어떤 물체를 유체에 넣었을 때 받는 부력의 크기가 물체가 유체에 잠긴 부피만큼의 유체에 작용하는 중력의 크기와 같다는 원리이다.

무슨 말인지 모르겠다고? 간단히 말해서, 물체가 물속에 잠기면 자신이 밀어낸 물의 무게만큼의 부력을 받는다는 말이다. 그 결과 물체의 무게는 자신이 받는 부력만큼 가벼워진다.

29. 하늘과 우주의
이야기에 귀를 기울이면

- 페르메이르가 화폭에 담아낸 17세기 네덜란드의 과학자들

옛날 사람들은 세상이 일정한 간격으로 밝아졌다가 어두워지는 이유에 대해 깊은 호기심을 가졌으며, 하늘을 관찰한 결과 아주 밝고 동그란 물체가 동쪽 지평선 또는 수평선에서 나타나서 서쪽으로 사라져 간다는 것을 알아냈다. 그들은 이 물체에 '해'라는 이름을 붙였다. 해가 있어서 밝은 때를 낮이라 하고, 해가 없어서 캄캄한 때를 밤이라 하였다. 그런데 밤에는 또 다른 동그란 물체가 하늘에 나타나는데, 이것의 모양은 점점 차오르다가 다시 이지러지곤 하였다. 이 것을 '달'이라 이름 붙인 사람들은 이제 본격적으로 하늘과 해와 달과 별들에 대하여 관찰하기 시작했다. 드디어 천문학이 시작되었다. 원시 시대부터 시작된 천문학은 종교, 신화, 그리고 점성술과 얽히면서 발전해왔다.

기원전 6세기에 탈레스(기원전 624?-기원전 548?)는 일식을 예견했다고 하며, 기원전 3세기에 에라토스테네스(기원전 274?-기원전 196?)는 지구의 둘레를 쟀다. 2세기쯤에 프톨레마이오스가 천동설을 정립하였으며, 이 이론은 15세기 코페르니쿠스가 지동설을 만들기 전까지 과학계를 지배했다. 그리고 갈릴레이와 케플러가 나와서 지동설의 부족한 부분을 채워나갔으며, 뉴턴이 행성의 궤도까지 풀어냈다. 19세기 푸앵카레(1854-1912)가 우주에 대한 아주 재미있는 추측, 일명 '푸앵카레 추측(1904년)'을 제시했고 이것은 무려 100년 뒤에 러시아의 수학자 페렐만(1966-현재)에 의해 증명되었다. 푸앵카레 추측은 누군가 우주선을 타고 우주를 한 바퀴 돌아 다시 지구로 돌아와야 하기 때문에 당장 현실적으로 실험해볼 수는 없다.

  이후 여러 사람들이 광속을 측정하였으며, 측정된 광속을 바탕으로 우주를 채우고 있는 '에테르'라는 존재를 찾기 위한 실험이 마이켈슨(1852-1931)과 몰리(1838-1923)에 의해 수행되었다. 하지만 실험은 실패로 끝났다. 그러나 아인슈타인이 나와서 실패로 끝난 실험을 제대로 해석하여 '특수상대성이론'을 발표했다. 그리고 세상이 바뀌었다. 정확히는 우주에 살고 있는 우리가 우주를 보는 관점이 바뀐 것이다. 우주에서의 기준은 빛의 속도(광속)이며 다른 물리량, 시간과 공간 역시 우리에게 일정한 광속을 만들어주기 위하여 느려지거나 줄어든다는 것이다. 마침내 빅뱅 이론이 등장하여 우리의 우주는 아주 먼 옛날에 하나의 점이었는데 이것이 대폭발을 일으켜 지금의 우주가 되었다는 것까지 알아냈다.

그다음 문제는 무엇일까? 우주가 계속 팽창할 것인지, 팽창하다가 수축하다가를 반복할 것인지, 아니면 언젠가는 다시 수축하여 한 점으로 될 것인지이다. 우주가 계속 팽창한다면, 결국에는 완전히 식어서 모든 것이 정지하는 절대영도에 도달할 것이며, 다시 수축한다면 역시 모든 것이 붕괴될 것이다.

「천문학자」라는 제목의 오른쪽 그림은 17세기 네덜란드를 대표하는 화가 요하네스 페르메이르(1632-1675)가 그린 그림이다. 17세기에 네덜란드는 새로운 식민지를 찾아서 해외로 진출하는 중이었다. 이때 네덜란드 동인도회사가 세워졌고 네덜란드는 세계 최고의 무역국이 되었다. 지금 세계 최고의 도시는 미국 뉴욕인데, 뉴욕 역시 처음에는 뉴암스테르담이라 불렸으며, 네덜란드가 개척한 땅이다. 일본까지 진출한 이들은 나가사키에 무역소를 차렸고, 일본의 에도 막부도 이들을 후원하였다. 당시 일본에서는 난학이라는 이름으로 네덜란드의 문물을 배웠다. 에도 막부가 다른 나라들은 막았으나 네덜란드만은 허용한 이유는 무엇이었을까? 네덜란드 사람들은 다른 서양 국가들과 달리 기독교는 전파하지 않고 오로지 무역, 그러니까 돈 버는 일에만 집중했기 때문이다.

페르메이르는 이 그림과 더불어 「지리학자」라는 그림도 그렸다(281쪽 참조). 둘 다 같은 인물, 안톤 레이우엔훅(1632-1723)을 그린 것으로 알려져 있다. 물론 그렇지 않다는 주장도 있기는 하지만, 레이우엔훅

페르메이르가 그린 「천문학자」(1668).
그림의 모델은 현미경을 만들어 최초로 미생물을 관찰한
'현미경의 아버지' 안톤 레이우엔훅이라고 한다.

은 페르메이르의 유언 집행자였으므로 둘은 아는 사이였음이 분명하다. 레이우엔훅은 스스로 만든 현미경으로 많은 미생물들을 발견하여 '미생물학의 아버지'로 불리는 인물이다. 모델이 레이우엔훅이라면 그는 천문학자는 아니었으므로, 페르메이르는 그를 모델로만 삼아서 자기만의 주제로 그림을 그린 셈이다.

앞의 그림 속 천문학자는 천구의를 만지면서 들여다보고 있다. 천구의는 조도쿠스 혼디우스(1563-1612)가 제작한 것인데, 이 사람은 플랑드르(오늘날 벨기에)에서 태어난 지도 제작자로, 네덜란드 암스테르담에서 활동했다. 그림의 천구 앞에는 책들이 있는데, 이 책들은 천문지리학자인 에이드리언 메티우스(1571-1635)의 천문지리책이다. 그림에서 책의 제3권이 펼쳐져 있는데, 천문학자에게 '신의 영감'을 찾으라고 조언하는 내용이 적혀 있다고 한다.

페르메이르가 1668년에 그린 이 그림은 18세기에 주인이 여러 번 바뀐다. 그러다가 19세기에 들어 아주 부잣집으로 가게 된다. 로스차일드 가문의 컬렉션에 포함된 것이다. 그리고 제2차 세계대전 때 다시 주인이 바뀐다. 이번에는 로스차일드 정도가 아니었다. 아돌프 히틀러(1889-1945)가 약탈해 간 것이다. 그래서 그림 뒷면에는 나치의 상징인 하켄크로이츠(Hakenkreuz)가 검은 잉크로 찍혀 있다. 전쟁 후에 로스차일드로 반환되었다가 상속세로 프랑스 정부 소유가 되었고 현재는 파리 루브르 박물관에 있다. 그림이지만 참 파란만장한 세월을 보냈다.

페르메이르가 그린 「지리학자」.

30. 아비뇽에 갇힌 교황,
다리에 붕대를 감다

- 붕대 사용법에 관한 책을 쓴 교황의 주치의 숄리악과 현대의 밴드 이야기

전 세계 가톨릭교도는 대략 8억 명 정도라고 하니, 교황이 직간접적으로 영향을 미치는 사람은 8억 명에 달하는 셈이다. 인구수로 보면 중국과 인도에 이어 세계 3위의 나라가 된다. 그러나 지금보다 중세 유럽에서는 교황이 모든 왕들의 위에 있었다. 교황은 왕을 파문함으로써, 자리에서 쫓아낼 수도 있었다. 그 유명한 '카노사의 굴욕' 사건이 있지 않은가? 11세기 신성로마제국(독일)의 황제 하인리히 4세와 교황 그레고리우스 7세가 맞붙었는데, 교황의 파면에 황제가 사흘 동안 눈 속에서 맨발로 선 채 싹싹 빌어서 겨우 용서를 받은 사건이다. 하지만 최종 결과는 황제의 승리였다. 제후들은 파문이 철회된 황제 편으로 돌아섰고, 교황은 실리를 잃고 명분만 챙겼다. 19세기 독일의 재상 비스마르크는 교황과 대립하게 되자 '우리는 카노사

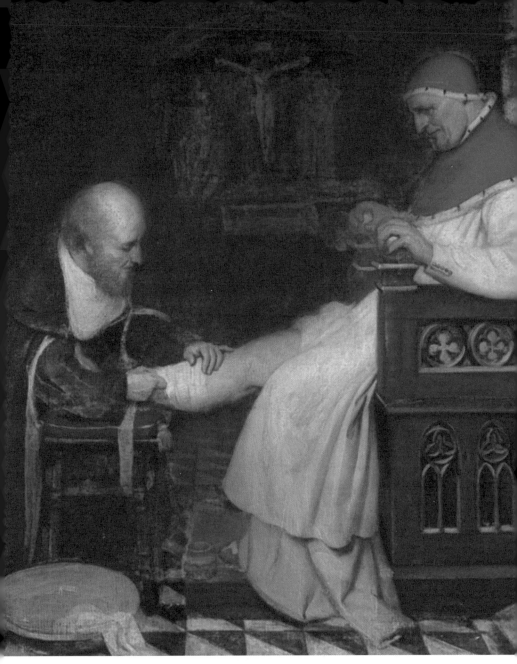

교황 클레멘스 6세의 다리에 붕대를 감고 있는
숄리악의 모습을 그린 어니스트 보드의 그림.
교황의 시의였던 숄리악은 붕대 사용법에 대해 설명한 책도 썼다.

로 가지 않는다'는 말을 남기며 가톨릭에 대항했다. 비스마르크의 재치에 놀라지 않을 수 없다.

그런데 황제와 교황의 대립은 이걸로 끝나지 않고 한 번 더 일어났다. 14세기 프랑스의 필립 4세와 교황 보니파키우스 8세가 맞붙었는데, 이번에는 왕이 이겼다. 교황은 패배 직후 사망하였으며, 프랑스인이 교황직을 계승하며, 교황청이 프랑스의 아비뇽에 세워지게 된다. 프랑스 왕의 영향 아래에서 70여 년 간 계속된 '아비뇽 유수'로 교황의 권위는 크게 떨어지고 말았다. 이때의 교황은 7명이며, 모두 프랑스인이었다. 283쪽 그림의 시간적 배경은 바로 이때이다.

그림에서 의자를 자세히 보면 색깔과 장식 무늬는 둘째로 치고, 의자의 받침이 바닥보다 한 단 높게 되어 있는데, 이것은 대단히 높은 신분의 사람이 앉는 자리임을 의미한다. 우리나라도 그렇다. 경복궁에 가서 보면, 왕이 앉는 의자가 이런 식으로 바닥보다 한 단 높게 되어 있다. 빨간 모자를 쓴 사람이 교황 클레멘스 6세이고, 지금 그는 다리를 치료받는 중이다. 교황 앞에 무릎을 꿇고 다리에 붕대를 감고 있는 사람은 교황의 시의인 기 드 숄리악(1300-1368)이다.

1342년 선출된 클레멘스 6세는 5년 뒤인 1347년 유럽에 흑사병이 창궐할 당시의 교황이다. 아마 중세 시대 가장 암울했던 시기를 경험한 교황일 것이다. 사제였으므로 그는 이것을 신의 분노로 여겼다. 그렇지만 천문학자들에게 흑사병의 원인을 구한 것으로 보아 과학적인 인식도 있었던 것으로 보인다. 어떤 천문학자는 1341년 화성, 목성, 토성이 일직선이 된 것 때문에 흑사병이 생겼다고 했고, 교황의 몇몇 주치의들은 횃불로 원을 그린 다음, 그 안에 있으면 흑사병을 피할 수 있다고 조언하였다.

숄리악은 프랑스 내과의사 겸 외과의사로, 클레멘스 6세의 개인 주치의였다. 그러니 교황을 매일같이 만났을 것이다. 숄리악은 아비뇽에서 사망할 때까지, 다음 교황인 인노첸시오 6세와 그다음 교황인 우르바노 5세의 시의까지 지냈다. 중세 유럽에서 가장 사람을 많이 죽인 병인 흑사병은 아비뇽도 비껴가지 않았다. 그러나 숄리악은 아비뇽을 탈출하지 않고 남아서 사람들을 치료하며 증상을 기록하였다. 우리나라의 허준과 비슷하다는 느낌을 받는다. 숄리악은 흑사병에 걸린 사람을 보기만 해도 병에 걸릴 수 있다고 생각했으며, 그래서 교황 클레멘스 6세에게 꼼짝 말고 방에만 머물고 누구도 만나지 않도록 조치하였다. 어쨌든 교황과 의사, 둘 다 흑사병에 걸리지 않았다. 그런데 숄리악은 자신은 감염되었으나 살아남았다고 주장했다고 한다.

14세기에 벌어진 일에 대하여 21세기에 사는 우리가 정확히 아는 것은 상당히 힘들다. 당시의 고문서들을 전부 뒤져볼 수도 없는 노릇이다. 하지만 몇 가지 추측을 해볼 수는 있다. 먼저 왜 숄리악은 아비뇽을 탈출하지 않았을까? 이것은 교황의 시의였으므로 당연한 결과이다. 지금은 누구나 사직서를 내면 언제든지 고용주를 떠날 수 있는 사회이지만, 옛날에는 그럴 수 없었다. 더구나 서양 세계에서 가장 높은 세속적 지위를 가진 교황에게 고용된 시의가 감히 사직서를 내고 교황의 곁을 떠날 수는 없었을 것이다. 두 번째 추측으로는 숄리악이 의사였다는 것을 고려할 필요가 있다. 질병에 대한 의사로서의 호기심과 더불어 의사로서의 의무감 같은 것도 작용하였을 것이다. 더구나 교황을 돌보는 의사라면, 전 유럽에서 최고의 의사라고 공인된 사람이므로, 여기에 따르는 자존심도 있지 않았나 싶다.

흑사병은 감염되어 증상이 나타나면 피부가 검게 변하기 때문에 붙여진 병명이며 페스트균이 원인이고, 페스트균은 특히 쥐벼룩이 옮기는 것으로 알려져 있으나, 공기 중에 살아남은 균이 옮겨질 수도 있다. 숄리악은 치료를 하면서 굉장히 조심했을 것이 분명하다. 보기만 하여도 병이 옮길 수 있다는 것은 공기 전염의 가능성을 보여주는 것인데, 숄리악은 대단히 운이 좋았다고 보인다. 그리고 의사로서 감염자들을 치료하면서 아마 조금씩 의학적 지식도 쌓여갔을 것이다. 그가 감염되었으나 살아남았다고 주장한 것은 어쩌면 다른 사람들, 특히 교황을 안심시키기 위한 방책이었을 수도 있다.

숄리악은 수술에 대한 대단한 저서인 『외과학 대전(Chirurgia magna)』을 썼는데, 여기에서 붕대 사용법을 설명하였으며 고름이 치유에 이롭다고 썼다. 하지만 지금의 의학은 고름이 무엇인지 안다. 고름은 균에 의해 피부와 근육이 상해서 생긴 노란색 액체를 가리킨다. 간단히 말해서 '썩은' 것이다. 아마 클레멘스 6세는 다리에 고름이 생겼을 것이다. 뭔가에 찔리거나 쓸려 상처가 났을 것이며, 거기에 균이 들어갔을 것이다. 의사에게 다리를 보이자, 의사는 교황의 다리에 붕대를 감아준다.

몸 내부에 상처가 나거나 병이 생기면 병원에 가서 치료를 받아야 하지만, 피부에 상처가 나면 일단 그 자리에서 처치를 하는 것이 일반적이다. 우리는 이때 약을 바르거나 드레싱(멸균된 거즈)을 붙인 다음, 전체를 붕대로 싼다. 흔히 "밴드 붙여!"라고 할 때의 밴드가 바로 드레싱이고, 드레싱을 고정하기 위하여 그 위에 붕대를 덧댄다(현대의 드레싱은 접착력이 있으므로 상처가 작으면 붕대는 필요 없다). 그런데 만약 전쟁이라도 일어나면 상황은 달라진다. 하루에도 수천수만 명의 군인들과 민간인들이 부상을 입기 때문에 상처를 치료하는 방법이 아주 중요하다.

상처가 나면 무슨 일이 생길까? 먼저 피가 흐르기 시작한다. 그러면서 외부의 오염원들(바이러스나 세균 등)이 상처에 침투하기 시작한다. 피가 1차적으로 막아주기는 하지만 이것으로는 부족한 경우가 많으며, 만약 피를 멈출 수 없는 상황이 된다면 그걸로 끝이다.

고대 이집트에서는 상처에 꿀을 바르곤 했었다. 꿀은 굉장히 독특한 물질로, 유일하게 썩지 않는 음식이다. 즉 부패하지 않는데, 그 이유는 높은 당도(세균이 꿀 속에서 삼투압 작용에 의해 말라 죽는다)와 부패 방지 효소가 들어 있기 때문이다(사람의 침이 들어가면 곰팡이가 생길 수 있다). 이런 이유로 상처에 꿀을 바르지 않았나 한다. 나중에는 설탕도 사용되었다고 한다. 이 방법은 현대에도 유용한 것으로 여겨진다. 히포크라테스는 상처에 포도주를 바른 다음, 무화과 잎으로 덮었다고 한다. 포도주는 술이므로 알코올 성분이 있다. 알코올이 소독 작용을 할 것이고, 무화과 잎사귀가 붕대 역할을 하는 셈이다.

듣기에도 거북한 치료법이 중세 시대에 있었다. 오늘날에도 사람들이 가장 싫어하는 질병 중의 하나가 치질인데, 거기를 뜨거운 다리미로 지졌다고 하니 정말로 깜짝 놀랄 일이다. 빈대 잡으려다 초가삼간 태운다고, 치질 잡으려다 엉덩이가 다 익어버리겠다. 치질은 혈액 순환이 잘 안 되서 생기는 병이므로, 뜨거운 물로 좌욕을 하면 도움이 되기는 한다, 그래서 뜨거운 다리미로 지졌을까? 거머리와 구더기를 사용하는 방법은 지금도 있다. 거머리는 혈액을 다시 흐르게 해주는 역할을 하고, 구더기는 상처 주변의 죽은 세포를 먹어치워 새 살이 돋는 데 도움을 준다.

현대에 널리 퍼진 밴드는 1920년에 미국의 존슨 앤드 존슨 사에서 내놓았다. 주방에서 칼에 손을 자주 다치는 아내를 위해 얼 딕슨(1892-1961)은 면으로 된 거즈 위에 접착테이프를 붙인 제품을 개발했고, 그의 상사인 제임스 존슨(1856-1932)은 이것을 아주 마음에 들어했다. 드디어 '밴드-에이드(Band-Aid)'라는 상표를 단 제품이 세상에 출시되었고, 수요가 증가함에 따라 회사는 수작업을 걷어치우고 밴드를 만드는 기계까지 만들었다.

지금은 피부의 상처를 치료하는 데 그치지 않고, 아직은 완벽하지 않지만, 인공 피부를 만들어내는 단계까지 진화했다. 특히 화상 환자들은 흉터가 평생 가기 때문에, 이런 제품이 절실히 필요하다.

현재 연구되고 있는 인공 피부는 털도 나고, 피지도 생기고, 여기에 촉각을 느끼기 위한 신경회로까지 장착할 수 있다고 한다. 이걸 머리에 이식할 수만 있다면, 남자들의 최대 적인 탈모까지 치료될지도 모르겠다.

31. "눈에는 눈, 이에는 이"

– 중세의 이발사에서 근대의 치과대학까지, 치의학의 간략한 역사

'앉아 있는 사람을 치료하고 있는 치과의사'라는 제목이 없었다면 오른쪽 그림 내용을 짐작하기가 꽤 어렵다. 배경이 병원처럼 보이지도 않을 뿐더러, 의자에 앉아서 지팡이를 짚고 있는 노인(아마 충치가 있어서 도움을 받으러 온 것일 거다) 입에 도구를 집어넣으려고 하는 남자도 우리의 상식에 있는 치과의사와 조금도 닮지 않았다. 노인의 뒤에 하얀 두건을 쓰고 걱정스런 표정으로 바라보고 있는 여인은 노인의 부인일 것이다. 치과의사라고는 하지만 그의 엉덩이 뒤쪽에 있는 자그마한 탁자 위에는 손수건처럼 보이는 것과 술병처럼 보이는 것이 달랑 놓여 있을 뿐이다. 무엇에 쓰려고 거기에 두었을까? 환자의 고통을 덜어주기 위하여 술을 한 잔 주었는지도 모르겠다. 아니면 치료가 끝난 후, 손을 닦은 다음 자신이 한 잔 마시려 했을까?

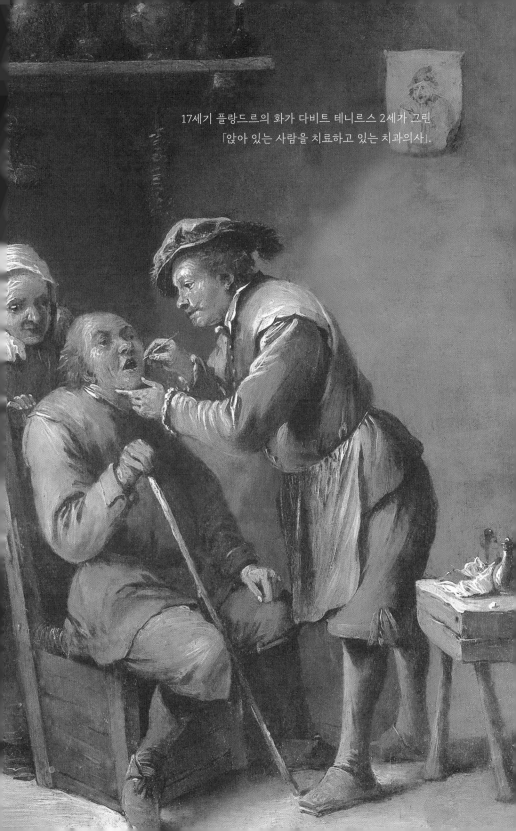

17세기 플랑드르의 화가 다비트 테니르스 2세가 그린
「앉아 있는 사람을 치료하고 있는 치과의사」.

사람은 매일 몸의 기관들을 사용하지만, 치아는 좀 특별하다. 최소한 하루에 몇 번씩은 식사를 하므로 그때마다 사용된다. 그리고 사람의 입 속에는 200종류가 넘는 미생물이 존재한다. 오죽했으면, 키스에 대하여 '상호간 미생물 교환'이라는 말까지 있을 정도이다. 하지만 치아의 특별함은 다른 데 있다. 우리 몸의 거의 모든 기관들은, 태어나면서부터 가지고 태어나지 않거나, 병이나 사고로 인하여 잃어버리면, 절대 다시 생기지 않는다. 그런데 다시 생기는 부분이 있다. 피부와 털과 치아이다. 상처로 인하여 피부가 손상되면 복구가 되지만, 손가락이 잘리면 재생이 안 된다. 털은 자르면 다시 길어지고, 빠지면 다시 난다(예외적으로 다시 안 나는 경우도 있기는 하다). 그런데 사람의 치아는 처음 나온 유치가 빠진 다음 영구치가 다시 나온다. 즉 한 번 연습해본 다음, 진짜가 나오는 셈이다. 정말 독특하다. 그만큼 치아가 중요하다는 의미일 것이다.

치의학은 인류의 처음과 시작을 같이한다. 원시시대 동굴에서 살던 혈거인들의 화석에서도 치아의 질병이 관찰되었다. 분명 원시인들은 양치를 잘 하지 않았을 것이다. 인류는 역사에 등장한 거의 처음부터 다양한 질병에 시달렸으며 치아 역시 예외는 아니었다. 지독한 치통에 시달려본 사람은 잘 알 것이다. 이가 아프면 어떻게든 뭔가를 해야만 한다. 인류 최초의 의사는 주술사들이었다. 환자가 아프면 뉘어놓고 그 앞에서 주문을 외워댔다. 가끔씩 연기도 피우면서. 치과 치료 역시 주술적 치료에 의존하였다고 한다. 그리고 치아에 벌레가 있어서 이가 썩고 병이 든다는 이론이 등장하였으며, 적당한 고약을 만들어(성분은 다양했으나 치료 효과는 의문스럽다) 치아에 붙이기도 했다. 고대 시대, 기원전 18세기, 지금으로부터 약 4000년 전, 바빌론의 함무라비 왕이 반포한 함무라비 법전에는 이런 조항이 있다. "눈에는 눈, 이에는 이." 무려 4000년 전에도 치아가 매우 중요시되었음을 알 수 있다. 의료 관련 조항이 하나 더 있는데, "의사가 환자를 수술하다가 환자가 죽으면, 의사의 손을 자른다."이다. 현대인의 관점에서 보면 무시무시하지만, 자기 가족이 이런 일을 당하면 누구라도 함무라비 법전을 찾아갈 것이다. 그리스 로마 시대에도 발치를 하였으며, 금으로 때우기도 했다는 기록이 있다. 동양의 치의학 역시 원시적인 상태였다. 마늘이나 고추냉이 같은 것으로 치료를 하였다고 한다. 당연히 효과는 없었을 것이다. 하지만 동양에서도 발치를 하였으며 치아에 금을 씌우기도 하였다.

아무리 지금에 비하여 과학과 의학이 발전하지 못한 시대라고는 해도, 과거의 조상들 역시 나름대로 이가 아프면 치료를 하면서 살았다. 시간이 몇 백 년, 몇 천 년이 흘러, 그때도 지구에 인간이라는 존재가 있다면, 그들은 우리의 치과 치료를 원시적이라고 부를지도 모를 일이다.

고대 세계에서는 내과와 외과가 밀접한 관계였으나, 중세에 들어와서는 달라졌다. 내과는 교회의 사제가 겸임하고, 외과는 힘들고 지저분하다고 여겼기 때문인지 이발사가 담당하게 된다. 이발사들은 배를 째기도 하고, 고름을 짜기도 하고, 피를 뽑기도 할 뿐만 아니라, 이도 뽑았다.

이발소에서 외과와 치과를 했던 역사 때문에 삼색등이 있으며 그것의 의미는 동맥(빨강), 정맥(파랑), 붕대(하양)라고 한다. 지금은 외과도 일반외과, 흉부외과, 신경외과, 정형외과, 성형외과 등등 다양하게 분화되었지만 중세의 이발사들은 다섯 개의 외과의사에다 치과의사까지 겸했다.

르네상스를 지나며 외과는 교회의 천시에서 벗어나 내과와 협력 관계가 되었다. 하지만 치과는 그대로 남아 독립하게 되었다. 미국에서 의과대학과 분리되어 치과대학이 설립되었으며(1840년 볼티모어 치과대학 설립) 우리나라는 이것을 그대로 수용하였다. 그래서 오늘날 의과대학과 치과대학이 나뉘어 있는 것이다. 궁금증이 생겨서 치과의사한테 물어보았다. 대체 뭘 배우냐고? 그랬더니 목 위쪽에 대해서 전부 배운다는 답이 돌아왔다. 그리고 한 가지 중요한 점! 턱을 깎는 수술은 성형외과가 아니라 치과에서 해야 한다고 했다. 왜 그러냐고 물었더니, 턱을 깎은 다음 치아의 위와 아래가 안 맞는 경우가 생길 수 있다고 한다. 그래서 구강악안면외과라는 분야가 따로 있다.

17세기 중반에서 18세기 중반에 걸쳐 살았던 프랑스의 피에르 포샤르가 '근대 치의학의 아버지'로 불린다. 그가 1728년 출판한 『치과외과의』는 최초의 과학적 치과의학서이다. 우리나라에서는 어땠을까? 조선 시대 허준이 저술한 『동의보감』에도 치과 치료가 나온다.

그러나 민간요법에 의존한 치료법이었으며, 과학과는 거리가 있다. 서양에서 근대 의학이 들어오기 전까지 이 땅에는 한의학만 있었으며, 한의학이 치과를 겸했다. 민중들은 민간요법에 의존하기도 했다. 지금도 이런 민간요법들이 시중에 떠돈다. 식물성 기름으로 가글을 하라는 둥, 굵은 소금으로 치아를 닦으라는 둥, 풍치에는 구운 마늘을 물고 있으라는 둥, 치아 미백을 위해 레몬으로 문지르라는 둥. 하지만 절대적으로 빨리 치과에 가라고 권하고 싶다.

개항을 하면서 서양의 근대 치과학이 조선에도 들어왔다. 1884년 (고종 21년) 우리나라에 온 호러스 알렌(1858-1932, 광혜원을 설립하였다)의 기록에 의하면, 한국 사람은 아침에 소금을 손가락에 묻혀 이를 닦았다고 한다. 좋은 소식은 그래도 양치를 했다는 것이고, 나쁜 소식은 치약은커녕 칫솔도 없었다는 점이다. 개항이 되자 일본인들이 들어와 치과 치료를 하기 시작했다. 곧 일본인에게서 치과 기술을 배운 조선 사람들이 나왔고, 이들이 입치사로 활약하였다. 그래서 당시의 명칭은 치과가 아니라, 잇방이나 치방 등이었다. 1915년 세브란스 의대에 치의학 교실도 생겼고, 1921년 경성치과의학교가 일제에 의해 설립되었다. 이 학교가 일제 강점기 유일한 치과의사 양성 기관이었다. 해방이 되면서 서울대에 치과가 만들어진 이래, 지금은 전국에 11개의 치과 대학이 있다.

이제 우리나라도 의료 분야에서는 상당히 선진국이다. 외국에서도 많은 사람들이 한국에 와서 치료를 받고자 하며, 치과 역시 예외는 아니다. 물론 미국의 치과 치료에 비하면 한국의 치과 치료가 터무니없다고 할 정도로 싼 것도 한몫하는 면도 있기는 하다.

인간은 1만 년 정도의 단기간에 대단히 높은 수준의 정신적 문화와 과학 기술적 문명을 이루었다고 생각하겠지만, 21세기인 지금도 현실은 냉혹하다. 개발도상국이나 후진국에는 여전히 의자 하나 놓고 무시무시한 집게 등을 사용하여 이를 뽑는 길거리 치과의사들이 많이 있다.

32. 지구도
들어 올리는 도구가 있다?

― 손톱깎이에서 병따개까지, 아르키메데스와 지렛대의 원리

"내게 긴 지렛대와 지렛대를 받칠 곳만 준다면, 지구라도 들
어 보이겠다."

아르키메데스는 이렇게 말했다고 한다. 298쪽 그림은 언뜻 보아
서는 무엇을 표현한 것인지 쉽게 알 수 없다. 그러나 아르키메데스의
말을 듣고 보면 금방 이해가 되는 그림이다. 지렛대를 이용하여 지구
라도 들어 보이겠다고 호언장담을 한 것을 풍자한 것이다.

그런데, 과연 이런 식으로 지구를 들어 올릴 수 있을까? 아르키메
데스는 기원전 약 3세기의 사람이다. 지구가 둥글다는 것은 아주 옛
날 사람들도 잘 알고 있었다. 가장 간단한 예로, 월식 때 달에 비친
지구 그림자가 둥글다. 이건 누구도 반박할 수 없는 증거다. 그러면

지렛대를 이용하여 지구를 들어 올릴 수 있다고 호언장담한 아르키메데스의
말을 묘사한 19세기 목판화(1824).

지구는 얼마나 클까? 고대 그리스의 수학자이자 천문학자인 에라토
스테네스(기원전 274?-196?)가 지구의 크기를 측정하였다. 물론 무지막지
하게 긴 줄을 가지고 지구를 한 바퀴 돌면서 측정한 것은 아니다. 에
라토스테네스의 아이디어는 기발했다. 태양이 가장 높이 뜨는 하짓
날 알렉산드리아와 시에네에서 태양이 만드는 그림자의 길이가 다르
다는 것을 발견한 그는 지구가 완전한 구이며, 태양빛은 평행으로 입
사한다는 가정을 세웠다. 태양의 그림자가 다르기 때문에 두 지점은

분명 곡선 상의 두 지점이다(지구가 둥글다). 두 지점에 수직 막대기를 세운 다음, 그림자가 만들어지는 각도를 쟀다. 각도는 약 7.2도였다. 그 다음 알렉산드리아와 시에네 사이의 거리를 쟀다. 걸어서! 물론 본인이 직접 걸었던 건 아니고, 하인을 시켰다. 이렇게 잰 거리는 약 5,000스타디아(1스타디아는 185미터 정도라고 한다)였다. 남은 것은 각도와 거리를 가지고 수학적 계산만 하면 된다. 에라토스테네스가 계산해낸 지구 둘레는 4만 5천 킬로미터였다. 지구 둘레의 정확한 거리는 약 4만 킬로미터이다. 89% 정도의 정확도이다. 2,000년 전에 이 정도 계산을 해낸다는 것은 정말로 굉장한 일이었다..

그는 아르키메데스와 동시대, 같은 그리스인으로서, 친구 사이였다는 정보가 있기는 있다(아르키메데스는 시라쿠사에 살았고, 에라토스테네스는 이집트 알렉산드리아에 살았다). 하지만 아르키메데스가 지구가 구형이라는 것 정도는 알았으리라 생각이 되지만, 과연 지구의 크기까지 알고 있었을까 하는 의문이 생긴다.

과연 아르키메데스는 지구의 크기를 알았을까? 만약 그가 정말로 지구의 크기를 알았다면, 지레의 원리도 알고 있으므로, 당연히 지렛대의 길이도 계산해보았을 것이다. 이건 중학교 과학 수준이면 누구나 할 수 있다. 그리고 지구를 가령 1센티미터 들어 올리려면, 지렛대를 얼마나 눌러야 하는지도 계산해보았을 것이다. 지구의 질량은 약 6×10^{24}킬로그램이다. 아르키메데스의 질량을 60킬로그램으로 하면, 지구와 아르키메데스의 질량 차이는 10^{23}이 된다. 원래는 무게를 이용해야 하나, 지구와 사람, 양쪽 모두에게 같은 중력이 작용한다고 가정하면, 질량을 이용해도 된다. 지구를 1밀리미터 들어 올리려면, 아르키메데스는 '10^{23}밀리미터'를 눌러야 한다. '10^{23}밀리미터'는 10^{20}미터가 되고, 아르키메데스가 1초에 1미터씩 지레를 누른다면, 10^{20}초만큼 시간이 걸린다. 이제 10^{20}초를 시간으로 바꾸어보자. 1년은 대략 3천만 초(10^7초)가 되므로, 지레를 누르는 시간은 3×10^{12}년이 걸린다. 그러니까 3조 년이다. 우주의 나이가 약 138억 년이라고 하니까, 우주 초기 빅뱅 때부터 눌렀다면, 지금쯤 0.0046밀리미터 정도 지구를 들어 올렸다.

만약 정말 우주 공간이고, 주변에 아무것도 없다면(태양도 없으므로 태양의 중력도 없다고 가정하면) 힘이 작용하지 않으므로 지구는 무게가 0이 되고, 누구나 쉽게 움직일 수 있다. 생각해보자. 우주 정거장 안에서 내가 1톤짜리 역기를 들 수 있을까, 없을까? 답은 "당연히 들 수 있다."이다. 그러므로 아르키메데스 정도의 인물이 저런 말을 쉽게 했을까 하는 의문이 든다. 아르키메데스가 지구를 너무 작게 생각했는지 아니면 주위 사람들이 그를 부추겼는지 모를 일이다.

어쨌든 지레는 실생활에 아주 많이 쓰이고 있다. 가장 많이 쓰는 경우가 병따개일 것이다. 유리로 만들어진 맥주병을 생각해보자. 병따개로 딱! 하고 딸 때의 그 시원함! 병따개가 없으면, 젓가락도 되고, 숟가락도 된다. 전부 지레의 원리를 그대로 이용하고 있다. 손톱깎이 역시 지레다. 손톱은 얼마나 단단할까? 사람의 손과 발에는 단단한 껍질 비슷한 것이 말단에 붙어 있다. 케라틴이라는 단백질의 일종이다. 머리카락도 케라틴으로 되어 있고, 동물의 뿔도 케라틴이다. 만약 손톱이 없다면 어떻게 될까? 엄지손가락을 다른 손가락으로 젖혀보자. 손톱이 뒤에서 받치기 때문에, 엄지손가락의 살이 뒤로 밀리지 않는다. 손톱이 없다면 우리는 물체를 잡는 데 상당히 곤란함을 느낄 것이다. 손톱과 발톱은 특별한 문제가 없으면 평생 계속 자란다. 그리고 죽으면 자라지 않는다. 평생 자라는 손톱을 길게 기르는 아주 독특한 취미를 가진 사람도 있지만, 대부분의 사람들은 손톱깎이를 이용하여 손톱과 발톱을 자른다. 이렇게나 단단한 손톱을 톡! 하고 잘라내려면 상당히 큰 힘이 필요하다. 그래서 우리는 지레의 원리를 이용하여 손톱깎이라는 것을 만들었다. 과학 이론이 실생활에 접목된 아주 좋은 사례로 꼽을 수 있다.

지레를 사용하면 물리적으로 힘의 이득이 생긴다. 나는 적은 힘을 사용했지만, 상대편에는 큰 힘이 가해진다. 하지만 에너지 보존법칙에 따라, 일에는 이득이 없다. 아르키메데스의 장담대로 지렛대로 지구를 움직일 수는 있지만, 이건 어디까지나 이론이며, 실제로는 불가능하다. 왜? 지렛대도 없을 뿐더러, 우주 공간 어디에 지렛대를 받칠 수 있을까? 터미네이터가 잘 쓰는 표현이 있다. "Theoretically!" 그러나 이런 이론이 발전하면서 지금의 지구 문명을 만들었다.

참고문헌

곽영직, 인류 문명과 함께 보는 과학의 역사, 세창출판, 2020.

구약 기독경 사사기 15장

김형근, 과학자의 명언으로 배우는 교양과학, 오엘북스, 2020.

나가타 가즈히로, 단백질의 일생, 위정훈 옮김, 파피에, 2018.

루이즈 E. 로빈스, 미생물의 발견과 파스퇴르, 이승숙 옮김, 바다출판사, 2003.

리더스 다이제스트, 재미있는 과학기술의 세계, 동아출판사, 1992.

마이클 화이트, 갈릴레오 - 교회의 적, 과학의 순교자, 김명남 옮김, 사이언스북스, 2009.

빌 브라이슨, 거의 모든 것의 역사, 이덕환 옮김, 까치, 2003.

빌 브라이슨, 바디 우리 몸 안내서, 이한음 옮김, 까치, 2020.

신규진, 최고들의 이상한 과학책, 생각의길, 2020.

아널드 R 브로디 외, 인류사를 바꾼 위대한 과학, 김은영 옮김, 글담출판사, 2018.

움베르토 에코, 푸코의 진자, 이윤기 옮김, 열린책들, 2007.

월터 리비, 인문학으로 읽는 과학사 이야기, 권혁 옮김, 돈을새김, 2020.

이완 라이스 모루스 외, 옥스퍼드 과학사 - 사진과 함께 보는, 과학이 빚어낸 거의 모든 역사, 임지원 옮김, 반니, 2019.

정해상 편저, 과학자의 에피소드 - 인류 역사를 바꾼 과학자들의 숨은 이야기, 일진사, 2019.

토머스 헤이거, 공기의 연금술, 홍경탁 옮김, 반니, 2015.

Edwin Smith papyrus (Egyptian medical book). 《Encyclopedia Britannica》 온라인판.

기사 · 인터넷

국가기술표준원 색채표준정보 https://www.kats.go.kr/content.do?cmsid=83

나무위키 3원28수 https://namu.wiki/w/3원%28수

나무위키 https://namu.wiki/w/치클론%20B

나무위키 타자기 https://namu.wiki/w/타자기

노컷뉴스 2010.9.18. 동물은 혈액형이 있을까? https://www.nocutnews.co.kr/news/4172565

대한전기협회 e저널 창간특집 특집기사 http://www.kea.kr/elec_journal/2015_7/10.pdf

서울대학교 경영대학(원) SBL 칼럼 안상형 교수 2015.2.25. https://cba.snu.ac.kr/ko/sblcolumn?mode=view&bbsidx=77835

서울대학교병원 의학백과사전 혈액과 림프, 면역계 http://www.snuh.org/health/encyclo/view/9/2.do

소년중앙 Weekly 2019.7.28. https://sojoong.joins.com/archives/24096

위키피디아 영어 Description of the cow pock https://en.wikipedia.org/wiki/File:The_cow_pock.jpg

위키피디아 영어 Portrait of Antoine-Laurent Lavoisier and his Wife https://en.wikipedia.org/wiki/Portrait_of_Antoine-Laurent_Lavoisier_and_his_Wife

위키피디아 영어 The Astronomer (Vermeer) https://en.wikipedia.org/wiki/The_Astronomer_(Vermeer)

위키피디아 커먼스 영어 Description of Le petit Parisien illustre 2nov1902 https://commons.wikimedia.org/wiki/File:Le_petit_Parisien_illustre_2nov1902.jpg

위키피디아 한국어 별자리 https://ko.wikipedia.org/wiki/별자리

위키피디아 한국어 아르키메데스 https://ko.wikipedia.org/wiki/아르키메데스

위키피디아 한국어 탈리도마이드 https://ko.wikipedia.org/wiki/탈리도마이드

위키피디아 한국어 현미경 연대표 https://ko.wikipedia.org/wiki/현미경_연대표

주간경향 2020년 11월 16일 1402호. https://weekly.khan.co.kr/khnm.html?mode=view&artid=201711271711011&code=116

중앙 SUNDAY 2018.1.7. [비주얼 경제사] 연금술 https://news.joins.com/article/22263839

한국원자력연구원 보도자료 2020.3.3. 차세대 암치료용 방사성동위원소 구리-67 국내 최초 생산 성공 https://www.kaeri.re.kr/board/view?pageNum=1&rowCnt=10&no1=10&linkId=8137&menuId=MENU00326&schType=0&schText=%EA%B5%AC%EB%A6%AC&boardStyle=Image&categoryId=&continent=&country=&schYear=

한국천문연구원 천문우주지식정보 https://astro.kasi.re.kr/learning/post/educationVideo/55670

Johnson & Johnson 2017.4.9. Stick With It: 18 Fun Facts About the History of BAND-AID[®] Brand Adhesive Bandages https://www.jnj.com/our-heritage/18-facts-about-the-history-of-band-aid-brand-adhesive-bandages

KAIST 부설 한국과학영재학교 온라인 과학매거진 코스모스 2019.10.7. https://www.ksakosmos.com/post/흙-불-숨-물에서-원자까지

Périer to Pascal, 22 September 1648, Pascal, Blaise. Oeuvres complètes. (Paris: Seuil, 1960), 2:682.

Review Article 항생제 개발의 역사 및 현황, 송영구, 연세대학교 의과대학 감염내과 http://dx.doi.org/10.3947/ic.2012.44.4.263

SBS 뉴스 2013.11.20. 한국 라면이 말라리아 치료약?…기막힌 사연 https://news.sbs.co.kr/news/endPage.do?news_id=N1002090216

Uppsala Universitet Linne http://www2.linnaeus.uu.se/online/life/5_3.html

명화로 읽는 과학의 탄생

지은이_ 윤금현
펴낸이_ 강인수
펴낸곳_ 도서출판 **피피에**

초판 1쇄 발행_ 2022년 8월 12일

등록_ 2001년 6월 25일 (제2012-000021호)
주소_ 서울시 마포구 서교동 487 (506호)
전화_ 02-733-8668
팩스_ 02-732-8260
이메일_ papier-pub@hanmail.net

ISBN_ 978-89-85901-97-0 03400